羰基法精炼铁及安全环保

滕荣厚　赵宝生　著

北　京
冶　金　工　业　出　版　社
2019

内 容 提 要

本书叙述了羰基法精炼铁的发展过程，五羰基铁络合物合成及热分解原理，物理化学性质和产业化工艺流程，产品特性及其应用。重点介绍了其具有特异功能材料的优越性及在高科技领域中的应用。由于羰基法精炼铁车间具有高温、高压、易燃、易爆及有毒物质，书中特列一章叙述了羰基法精炼铁车间的安全生产与环境保护，事故处理及中毒治疗方案。

本书列举了许多科研实验方法和实验数据，可供从事羰基法精炼铁的科研工作者阅读参考，也可作为冶金院校相关专业的辅助教学资料。

图书在版编目(CIP)数据

羰基法精炼铁及安全环保/滕荣厚，赵宝生著. —北京：冶金工业出版社，2019.10

ISBN 978-7-5024-8241-1

Ⅰ.①羰… Ⅱ.①滕… ②赵… Ⅲ.①炼铁 Ⅳ.①TF5

中国版本图书馆 CIP 数据核字（2019）第 221341 号

出 版 人　陈玉千
地　　址　北京市东城区嵩祝院北巷 39 号　邮编　100009　电话　(010)64027926
网　　址　www.cnmip.com.cn　电子信箱　yjcbs@cnmip.com.cn
责任编辑　夏小雪　美术编辑　吕欣童　版式设计　禹　蕊
责任校对　郭惠兰　责任印制　李玉山
ISBN 978-7-5024-8241-1
冶金工业出版社出版发行；各地新华书店经销；北京虎彩文化传播有限公司印刷
2019 年 10 月第 1 版，2019 年 10 月第 1 次印刷
169mm×239mm；11 印张；213 千字；163 页
56.00 元

冶金工业出版社　投稿电话　(010)64027932　投稿信箱　tougao@cnmip.com.cn
冶金工业出版社营销中心　电话　(010)64044283　传真　(010)64027893
冶金工业出版社天猫旗舰店　yjgycbs.tmall.com

前　言

20世纪90年代，在一次粉末冶金会议上，有编辑提议让我写本《羰基冶金》的书，因为当时课题任务重，就搁置下来。退休后有时间整理笔记，便写了《羰基法精炼镍及安全环保》一书。自从《羰基法精炼镍及安全环保》于2017年出版后，又萌生了写羰基铁冶金的念头。因为铁、钴、镍是过渡族元素三姐妹，所以羰基铁冶金、羰基镍冶金及羰基钴冶金自然是密不可分的。鉴于国内羰基铁发展迅猛，目前又缺少这类书籍，所以决定写《羰基法精炼铁及安全环保》一书，为从事羰基冶金的工作者提供参考。虽说编写过程有些艰难，但还有一股心劲。正是应了曹操那首诗："老骥伏枥，志在千里。"秉承不忘初心、牢记使命，应该把我积累的资料及个人的体会献给我热爱的事业。

本书重点我认为包括以下内容：

（1）专业技术名词标准化。因为当前对羰基铁的叫法不统一。首先要将羰基铁的名称标准化，按规范名称：羰基铁络合物（五羰基铁络合物、九羰基铁络合物，十二羰基铁络合物等）；化学分子式：$Fe(CO)_n$，英文名称：Carbonyl iron，通俗叫法：羰基铁。产品：羰基铁粉末。

羰基法精炼铁专业是五羰基铁络合物（$Fe(CO)_5$）的合成及热分解。

（2）羰基铁络合物的生成。有证据表明：羰基铁络合物天生在自然界大气中。根据美国早年在监测城市空气质量时，就发现空气中有微量羰基铁络合物的存在。在一百多年前，欧洲人在煤气灯罩发现铁的沉积物，后来又在烧砖窑的墙壁也发现铁沉积涂层。经研究发现，煤气含有微量羰基铁络合物。另外，吉林吉恩镍业股份有限公司常压合成羰基镍的流程中，由于镍原料中含有少量铁，在合成窑中活性铁也生成五羰基铁络合物。因此，在羰基镍粉末中含有超过一定量的铁。说明在常压下，活性铁可以与一氧化碳气体进行合成反应，生成羰基铁络合物：[$Fe+5CO \rightarrow Fe(CO)_5$]。

蒙德第一个在实验室用加压法合成羰基铁络合物。后来德国 BASF 公司开辟高压合成羰基铁络合物及制取羰基铁粉末。20 世纪 50 年代俄罗斯北方镍公司进行工业化生产。1958 年我国化工部北京化工研究院研发羰基铁，在陕西兴平建立工业化生产，供应国内军工及粉末冶金专业的需要。2000 年以来中国迎来羰基铁工业大发展，从百吨级发展到千吨级。国内羰基法精炼铁产品，不但自给有余，而且还出口。

(3) 物理化学性质。有了获得制取羰基铁方法并开始工业化生产，那就必须全面了解羰基铁络合物的物理化学性质，才能够更好地开发利用它。本书专门有一章叙述羰基铁络合物的物理化学性质，特别说明羰基铁络合物是易燃、易爆、具有毒性的化合物。俗话说：“知其性能善其使用。”通过了解特性才能够制定工艺流程，制定安全生产及环保措施。

(4) 羰基铁络合物合成及热分解原理。无论羰基法精炼铁技术应用在科研、教学还是工业化生产，应该深刻了解本专业产品生产过程的基本原理。深知现象的来龙去脉及变化规律，才能够开拓创新。如知道温度、压力及催化剂对于羰基铁合成影响，就知道如何设计合理参数，加快合成速度；如知道羰基铁热分解、形核及核长大原理及其规律后，就能够设计不同的热分解参数。获得物理化学性能各异的羰基铁粉末及功能材料，我们就能够优化工艺参数，就能多、快、好、省及安全环保生产。

(5) 产品及应用。本书大量篇幅叙述了羰基法精炼铁产品及应用，产品的类型及分类方法。重点介绍了国内外羰基铁粉末型号及物理化学性能；羰基铁粉末在粉末冶金、电子、化工、航空航天及军工领域的应用。还介绍羰基法制取特异功能材料（磁流体、磁流变、隐身及医药材料）的优越性及独特的应用。

(6) 安全环保。本书最后一章叙述了安全环保，事故处理及医疗。

本书有理论，有实践，有产品应用，有安全环保。同时列举的实验方法及提供的数据可供参考应用。本书可供从事羰基法精炼铁专业的现场工作者、科研工作者及冶金院校相关专业的师生参考使用。

本书作者赵宝生高级工程师，从事羰基冶金研究及设计多年，是一位有实际经验的专家，是钢铁研究总院羰基冶金实验室的主要设计者，特别在羰基金属精馏提纯工艺上具有很深的造诣。

由于作者专业水平有限，书中难免有不完善及不当之处，敬请业内专家、学者及涉猎本书的广大读者批评指正。

滕荣厚

2019年8月

目　录

1 五羰基铁络合物

1.1 五羰基铁络合物的发现[1,2]

在1891年英国科学家蒙德和贝特鲁几乎同时发现并获得了五羰基铁络合物。他们是从铁镍合金中获得了五羰基铁络合物和羰基镍络合物的混合物。

当CO气体温度在45℃（贝特鲁实验条件）或者在80℃（蒙德实验条件）时候，将CO气体通入盛有超细铁粉的反应器里，从反应釜里出来的气体包含有少量的容易挥发的铁的化合物。点燃这种化合物具有浅蓝色火焰，而与点燃CO所具有白色和黄色的火焰明显不同。在容易挥发的气体通过灼热的玻璃管子时，气体化合物立刻分解析出很好看的铁镜。经过对挥发性物质的结构分析，确定为五羰基铁络合物。

在1891~1892年科学家就已经证实并指出：五羰基铁络合物以气体的形式混合在水煤气中。为什么水煤气的亮度减少，其原因是在煤气灯中存在着氧化铁的杂质。在炽热的灯罩内表面上出现光亮的铁镀层，已认定具有发亮的铁的涂层是五羰基铁络合物分解的痕迹。

在1913年，Зишшербах指出：在焦炭炉的方格子砖中铁含量增加的主要原因是在这个炉子里预先生成的五羰基铁络合物的分子所引起的。在烧陶器的炉子里，也同样发现五羰基铁络合物。在1920年已经指出：在压缩氢气时，有时含有五羰基铁络合物。在1922年已经确认，在用CO和H合成甲醇时形成少量五羰基铁络合物。

通过在上述特定环境中发现五羰基铁络合物，以及科学家们长期的研究使人们非常相信：无论是气体或是液体的五羰基铁络合物，通常会出现在CO和铁的制品相接触的设备中。例如：将CO和H的混合气体加热到370~400℃，压力为24.5MPa。并在钢制的容器中循环，常常可以在1m^{3}气体中含有10~15mg的五羰基铁络合物。纯度为96%的CO在铁的容器中存放80天，当在0.2MPa时，1m^{3}气体含有3.5mg五羰基铁络合物；当在1MPa时，1m^{3}气体含有3.9mg五羰基铁络合物。在钢制的容器中，在用氢化物将CO和CO_2在高压高温下合成醇和碳氢化合物时，有时出现微量的五羰基铁络合物。

长期以来，为了提高五羰基铁络合物合成率已做了很多试验。不管如何改变反应的温度和压力，都没有一个有效的方法获得大量五羰基铁络合物。即使反应时间在24h很好的情况下，五羰基铁络合物产量也不大于1%。在20世纪40年代，德国BASF公司高压合成羰基铁技术的改进，使得合成率提高到80%。苏联北方镍公司在20世纪50年代，采用高压合成工艺大规模生产羰基铁粉末。

1.2 常见的几种羰基铁络合物[1]

铁与一氧化碳的化合物，有单核、双核及多核的形式，还可以是一氧化碳与氢负离子、卤素离子、氧化氮等其他配体的混合配体的配位化合物，如$Fe(CO)_5$、$Fe_2(CO)_9$、$Fe_3(CO)_{12}$、$H_2Fe(CO)_4$、$H_2Fe_2(CO)_8$、$H_2Fe_3(CO)_{11}$、$Fe(CO)_4NO$、$Fe(CO)_4Cl_2$、$Fe_2(CO)_8I_2$。大多数多核配合物以一个或几个一氧化碳为桥相联结，也有以卤素或其他配体为桥的，还常存在铁与铁的金属键，所以有时也是原子簇金属化合物。比较常见的羰基铁有以下三种：

五羰基铁化学式为$Fe(CO)_5$。它为黄色油状液体；熔点为21℃，沸点为102.8℃，液体密度为$1.457g/cm^3$（21℃）；250℃分解得纯铁；不溶于水，溶于碱、浓硫酸、醇、苯和石油醚。$Fe(CO)_5$受日光或紫外线照射时发生二聚作用，生成$Fe_2(CO)_9$和CO。五羰基铁的乙醚溶液与矿酸作用，分解成一氧化碳、氢气和二价铁。强碱的水溶液或酒精溶液可将$Fe(CO)_5$转化成$[HFe(CO)_4]^-$阴离子。五羰基铁在丙酮溶液中可被氯化铜氧化成二价铁。六氯化钨与五羰基铁作用，生成六羰基钨。$Fe(CO)_5$中的一氧化碳可与许多配体发生取代反应，生成混合配体配合物$Fe(CO)_xL_y$，式中L为PR_3、AsR_3、烯烃或硫原子等（R为烷基）。

五羰基铁由细铁粉与一氧化碳在200℃左右和5~20MPa下直接反应制得。可用于有机合成，用作抗爆剂、脱卤和羰基化试剂。

九羰基二铁化学式为$Fe_2(CO)_9$，结构式如图1-1所示。它为黄色晶体；密度为$2.085g/cm^3$（18℃）；80℃时分解，高真空下35℃时可升华；有反磁性；不溶于水、醇、酸和脂肪烃类溶剂。九羰基二铁与许多有机溶剂反应，生成$Fe(CO)_5$或其取代衍生物；在液氨中与金属钠反应生成$Fe(CO)^-$阴离子：

$$Fe_2(CO)_9 + 4Na \longrightarrow 2Na_2Fe(CO)_4 + CO$$

也容易发生取代反应，在液态二氧化硫中可生成$Fe_2(CO)_8SO_2$，其中SO_2也是两个铁原子间的桥联配体。九羰基二铁由$Fe(CO)_5$的有机溶剂溶液经日光或紫外线的照射制得。

十二羰基三铁化学式为$Fe_3(CO)_{12}$，结构式如图1-2所示。它为深绿色晶体；密度为$1.996g/cm^3$(18℃)；140℃时分解；在真空中可缓慢升华；有反磁性，溶于有机溶剂和$Fe(CO)_5$中；化学性质比$Fe(CO)_5$活泼，室温下可与甲醇反应：

$$3Fe_3(CO)_{12} + nCH_3OH \longrightarrow [Fe(CH_3OH)_n] + [Fe_3(CO)_{11}] + 5Fe(CO)_5$$

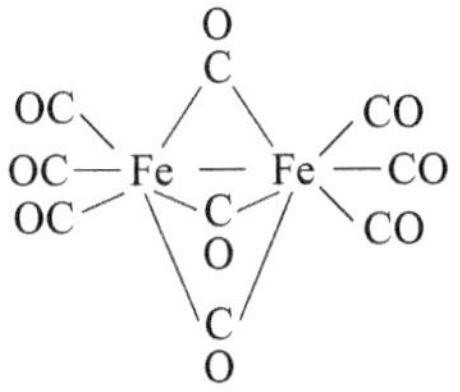

$Fe_2(CO)_9$

图 1-1 九羰基二铁结构式

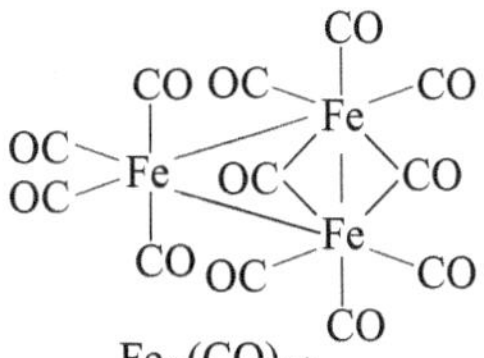

$Fe_3(CO)_{12}$

图 1-2 十二羰基三铁结构式

1.3 探索工业化获得五羰基铁络合物的艰辛历程[1,3,5]

蒙德（Mond）发明一种可以强化加速获得五羰基铁合成反应过程的方法。在80℃条件下，常压CO气体与分布很细的铁粉，在合成反应器中进行合成反应。一昼夜之后，反应器内已经存在少量五羰基铁；当使反应温度提高到120℃时，合成反应进行一昼夜后，把从反应器排出的混合气体冷却到-20℃，产物在CO气流中进行分馏，可获得五羰基铁达100g左右；提高CO压力到9.8MPa时，则五羰基铁络合物的产量大量增加。蒙德的试验结果明确地指出：在一定的温度及压力下，一氧化碳气体与还原铁粉末的合成反应速度会大大地加速。为工业大规模生产奠定基础。

形成五羰基铁络合物的化合反应是在气相与固相之间进行，自然要取决于金属表面积大小和表面纯度。大量的实验数据已经指出：致密金属铁与CO几乎不发生作用。然而海绵铁容易与CO气体进行合成反应。这就明确地说明：铁原料需要一定的分散度和活性。例如：氧化矿、黄铁矿或者是铁的氯化物，先在空气或水蒸气中700℃氧化，然后再用H_2还原。用H还原后并且在CO气氛中冷却，可以获得五羰基铁络合物。获得五羰基铁络合物还可以采用不适合在高炉工艺的矿石，像含有铜和锌的矿石。羰基过程的原料可以是铝矾土、富铁的氧化物、铁钛砂。

在低温下用氢气还原的草酸铁，这种铁粉末颗粒微小又较活泼。在温度15~60℃就使形成五羰基铁络合物的速度增加。但是，在更高的温度下，合成的正反应同时伴随着产物分解的比例的增长，五羰基铁合成速度变得缓慢。由于羰基物在原料表面形成了附层，这个吸附层使反应难于进行。当反应器温度逐步上升直至200℃时，羰基物的产量随温度上升而增加。但反应器的CO气体压力低于5MPa，温度超过200℃时，则五羰基铁络合物产量下降。其原因是温度在高于200~250℃，一氧化碳气体在超细铁粉末的催化作用下，开始强烈的破坏。变成CO_2和炭黑。这个副反应的根源是由于五羰基铁分离出的纳米级金属铁的催化作用所引起的。

已找到相当新颖的方法获得大量五羰基铁络合物。1916 年，在 Баденской 工厂里意外地发现近 0.5kg 五羰基铁络合物留在钢制的罐中。在这个工厂里利用加压 784kPa 的 CO，同时提高温度到 100℃，获得了相当数量的五羰基铁络合物。在 1921 年就研究开发出改进五羰基铁络合物的生产方法。那就是在较高的高温下，通过提高具有一定压力的 CO 气体与很细的铁粉进行合成反应作用。合成反应进行一定时间后，从反应器排出产物与 CO 气体混合物，用冷却混合气体的办法，将五羰基铁络合物液体收集在特制的罐中。可以小批量生产五羰基铁络合物。五羰基铁络合物形成反应 $Fe+5CO=Fe(CO)_5$，系统气体容积减少 5 倍，因此，提高 CO 的压力，无疑使反应向右进行。例如：温度在 200℃、反应时间为 2h、从 30g 铁粉中获得五羰基铁络合物。最大产量与压力关系见表 1-1。

表 1-1 最大产量与压力关系

压力	MPa	100	150	200	300
$Fe(CO)_5$ 产量	mg	2.90	7.00	9.75	14.30

在合成五羰基铁络合物时，增加 CO 的压力，减少羰基物的吸附作用，这是与质量作用定律相符合的。按着 Штофеля 的观察：铁吸附 CO 的速度和五羰基物形成速度，大概是与压力的二次方成正比例的。尽管合成五羰基铁络合物的方法是各种各样的，但是适合于工业上应用的很少。五羰基铁络合物的合成反应通常都是在含有铁的原料与一氧化碳作用为基础。五羰基铁络合物开始形成是：活化的 CO 吸附在铁和含有金属铁的表面上。吸附量的多少，主要取决于原料的分散度和它的活性。在高温下获得铁原料，具有很小的发达活性表面。因此，会大大地降低了吸附 CO 气体能力。只有能够进行最初物理吸附的 CO 分子，才能进行形成羰基化合物的化合反应。新形成的五羰基铁络合物，在开始时生成的五羰基铁络合物分子停留在固体铁原料的表面上，出现了以活性铁为中心，具有一定厚度的不连续分布吸附层。随着 CO 的物理吸附转化为化学吸附，五羰基铁络合物反形成的吸附层逐渐取代了 CO 在固体原料表面的吸附。这时铁表面几乎完全被五羰基铁络合物占据，就妨碍了气相的 CO 进入铁材料表面。随着五羰基铁络合物浓度的增加，它们一部分进入气相，铁露出的新鲜表面又能够使 CO 渗透到原料表面，进一步与铁相互作用生成五羰基铁络合物。铁吸收 CO 的速度，开始很快，在这以后就缓慢了，它是符合标准的吸附曲线的。

若假定：CO 气体全部消耗在羰基物的合成化学反应上，那么羰基物的形成速度显然是等于 CO 的消耗速度。因此，可以由下列因素来测定：CO 气体通过羰基铁络合物吸附层的扩散速度。如果 CO 气体与活性铁相互作用，所进行的合成反应速度很慢，而扩散速度很快，则羰基铁络合物形成的合成反应以恒速进行。事实上，按着吸附曲线来判断，在羰基铁络合物吸附层不太厚的情况下，CO 气体通过吸附层的扩散速度远低于羰基铁络合物的速度形成。因此，CO 气体的扩散速度是决定的因素。如果扩散与吸附层是直线关系，那么 CO 气体吸附量与扩散速度之积，应该是常数。实际上指出：这个乘积开始上升，然后下降。

CO 气体在于 20℃和 40℃时的吸附曲线指出：形成五羰基铁络合物的反应速度应该是够大的，可是随着反应产物的出现，CO 气体与铁作用过程就停止了。反应在 50℃时，CO 吸附曲线急剧下降；反应在 100℃时，CO 的吸收就完全停止；同时还指出：CO 的吸收速度与 CO 分压成正比。单位容积铁吸收的 CO 可见表 1-2 中所列的数据。

表 1-2 单位容积铁吸收的 CO

温度/℃	25	110	218
单位容量铁吸收 CO 量	0.70	0.20	0.10

Штоффель 在实验中采用粒度为 0.01～0.001mm 的铁粉为原料进行合成反应，五羰基铁络合物在铁表面形成液体吸附层，当五羰基铁络合物形成反应时吸附层厚度为 7～70mm 时，实际上铁原料已经浸泡在五羰基铁络合物液体中。此时羰基铁络合物的合成反应获得停止。

在一定的温度及压力下，CO 气体和含有铁的活性原料进行合成反应的过程中，当参加反应的 CO 气体中含有杂质时，将对羰基合成反应有很大的影响。例如：在往 CO 气体中加入 1%（体积分数）的氨气时，将使羰基合成反应速度增加 1 倍。在反应的气体存在着甲醇蒸汽、甲醛、汞和硫氧化物，对形成羰基反应是有利的。硫化氢气体的存在并没有对反应起着直线作用。

把氧化气体加入 CO 中，例如，碳酸和氧使得形成羰基铁络合物的反应停止。其原因是氧化金属表面使铁纯化，这种纯化在氢气气氛中加热它也不消失。

为了防止氧化气体有害作用，把硫化物引入到反应的空间里，使之消除原料表面的氧化膜。硫化物可以以硫化氢、硫碳或者以固态形式加入原料中去，例如：废铁和黄铁矿（3∶1）。硫的存在可以阻止 CO 的破坏。硒、碲作用和硫一样。

在反应的气体中加入氢，对反应无不良作用。相反，在利用水煤气和（CO+H_2）混合气体，在合成气体中要比发生煤气含有较丰富的 H_2。因此，不用还原铁，而是利用铁的氧化物和它的盐，或者易氧化的碳酸盐和草酸盐。在这个条件下，反应可以在高压高温进行（19.6MPa）。加入细的氧化铝粉、氧化铋、氧化镍、氧化铜粉末到原料中，防止铁的烧结，同时加速五羰基铁络合物的形成速度。在表 1-3 中列出了五羰基铁络合物形成过程与加入的杂质量的依赖关系。

表 1-3 在含有硫元素时，在 20MPa、15h 条件下五羰基化合物的合成率

添加 S 量（原子量）/%	五羰基铁络合物的合成率/%
100	6.0
81.3	9.4
62.7	24.5
47.3	55.1
34.8	56.3
19.3	84.5
10.4	86.8
5.1	91.3
1.6	90.3
0.6	90.4
0.3	94.5
0.0	26.4

在高压下，铁的硫化物缓慢地合成五羰基铁络合物，但是在进行较长时间的合成反应时，几乎全部变成羰基物。硒和碲的作用列在表 1-4 中。

表 1-4 在 200℃、20MPa 情况下，存在着硒和碲时所生成的五羰基铁络合物

添加量（原子量）/%	形成 $Fe(CO)_5$/%
硒	
0.9	93.0
50.0	60.9
碲	
1.0	88.6
5.00	53.4

碘也有类似的作用，当原料中含有 0.25%碘时，五羰基铁络合物的产量超过 90%，当有 50%碘时产物接近 60%。碘在获得羰基物的过程中与中间产物 $Fe(CO)_4J_2$是相关的。同样硫、硒、碲的作用不稳定，也会产生中间化合物 $Fe(CO)_8S_2$、$Fe_3(CO)_8Se_2$、$Fe(CO)_8Te_2$。

利用黄铁矿、磁铁矿、褐铁矿、钛-铁砂、铁铝矾土、氧化铁矿为原料适合制取五羰基铁络合物。氧化物材料先通过低温还原，这样可以避免颗粒烧结成致密体。为了加速还原过程，可以使温度提高到 900~1000℃。此时要添加石灰石，还原后的磁铁矿，希望冷却是在惰性气体中进行，最好是在 H_2 和 CO 气氛中。易熔化物质和易造渣的物质，在合成五羰基铁络合物之前要从原料中除掉。例

如：在低温下还原的黄铁矿，在60℃、常压中就能很快地形成五羰基铁络合物。

为了降低还原原料温度，因此要引进具有一定压力的氢气来强化过程。用硫酸镍溶液和在500℃用氢气还原的铁矿，在90~100℃和1.96MPa压力下与CO作用21h，会迅速生成一定数量的五羰基铁络合物。

如果用4份铁屑和0.4份的碳加热2h，加热到950℃，然后用氢气来还原达到72%。在180℃、17.64MPa下进行羰基合成，则提取羰基物可达到90%。当温度达到180℃，再提高CO的压力，也不能将铁从矿石中全部提取出来。因为在高温下会导致CO的破坏，反应终止时打开反应器发现炭黑污染了产物。

1942年，建立了工业规模生产五羰基铁络合物工厂。它是利用发生炉煤气（$CO+H_2$）与海绵铁为原料，在高温50~200℃，CO气体压力为5~20MPa，合成五羰基铁络合物。把预热的CO加入反应器中，并在反应器中进行合成放热反应。因为，最初合成反应是在最活性铁的原料表面上进行，这时形成的$Fe(CO)_5$合成反应非常激烈。参加此反应的CO压力控制在4.9MPa。随着压力的增加，则反应速度逐渐增加。可是在获得羰基物的同时，又要严格地控制反应区的温度。如果反应器中温度高于五羰基铁络合物临界分解温度时，则合成反应速度会直线下降。另外，还要防止在铁原料表面上出现羰基物的吸附层（这个吸附层能阻止反应进行），为此要不断地把羰基物随高速CO流从反应器中排出。在反应器内反应的气体中，五羰基铁络合物蒸气含量不应该大于2%（按体积比值）。在低温时，CO低于4.9MPa下，在足够气流速度下，可以获得大量羰基物。从反应器出来的气体羰基物进入到冷却器中，在那里这些气体羰基物凝结成液体。由于五羰基铁络合物容易分解，所以在冷却凝集时不要降低压力。事实上，降低压力就等于降低在气体中的CO的含量，进而使反应向着羰基物分解的方向移动。为了防止五羰基铁络合物分解，必须不断降低反应气体的温度。在这时大部分羰基物的蒸气变成液体。因为在低温下，五羰基铁络合物具有非常小的分解速度。

大部分五羰铁的蒸气随着CO气体进入冷凝后，液态五羰基铁络合物流入到特殊的收集器中（保持压力），分离出的CO气体，再重新加热而返回到反应中进行合成五羰基铁络合物。由于五羰基铁络合物的形成消耗了CO，所以在反应的过程当中，系统的总压力不断下降，为了补充这个消耗，隔一段时间需往系统中补充新鲜的发生炉煤气。如果在反应的空间中CO气体从上往下流动，则生成的五羰基铁络合物比由下往上流动获得的多。这就说明CO的方向是和把较重的羰基物投入的方向是一致的。

众所周知，用来合成羰基铁络合物的原料中，往往包含有几种能形成羰基化的金属。为了同时获得所含有的金属的羰基物，也可以先获得一种羰基物，然后再羰基第二种和第三种——为达到此目的，必须改变合成的温度和压力。然后把这种羰基混合物进行分馏。

如果以金属的卤化物作为原料，在 20MPa 下，分别在 200℃、250℃条件下，形成下列数量的五羰基铁络合物。在同样条件下，(250℃) 溴化铁中放入银 ($FeBr_2$：Ag=1：3) 转化的五羰基物为 7.5%；在放入铜 ($FeBr_2$：Cu=1：4) 转化率为 19.5% (220℃下转化率为 8.8%)。铁的碘化物在和铜 \ 银混合时，在 200℃、19.6MPa、15h 形成五羰基铁络合物达 97.7% (4Cu：FeJ_2) 和 92.2% (6Ag：FeJ_2)。

1.4　五羰基铁络合物的特性是羰基法精炼铁的基础[1,4]

五羰基铁络合物具有的物理及化学性质中，哪种特性是羰基法精炼铁的基础？经过对获得羰基铁的产物工艺进行研究，认为羰基铁络合物的液态稳定性、气态稳定性及热分解特性是羰基法精炼铁的基础。

1.4.1　羰基铁络合物的液态稳定性

通过高压合成工艺获得的五羰基铁络合物液体，储罐置于水池中。在室温避光下、容器内充 0.01~0.05MPa 氮气的储存下，五羰基铁络合物是稳定的。由于具有稳定的液态特性，非常容易通过管道输送到热分解车间。

1.4.2　羰基铁络合物的气态稳定性

五羰基铁络合物在室温下，非常容易挥发变成气态。五羰基铁络合物的饱和蒸气压与温度的关系如下：

$$\lg P_{mm} = 7.349 - 681/T$$

$$\lg P_{mm} = 8.3098 - 2050.7/T$$

$$\lg P_{mm} = 5.4290 - 2050.7/T$$

五羰基铁的蒸气压数据，是由三位研究员测验的数据，分别列在表 1-5~表 1-7 中。

表 1-5　дьюар 研究员测验的数据

温度/℃	压力/mmHg
-7.0	14.0
0	16.0
16.1	25.9
18.4	28.2
18.9	29.4
35.0	52.0

续表 1-5

温度/℃	压力/mmHg
57.0	133.0
78.0	311.2
101.8	736
102.0	744
102.7	749
102.8	764

注：1mmHg=133.322Pa。

表 1-6　Эйбер 研究员测验的数据

温度/K	压力/mmHg
258.17	2.29
258.17	2.30
258.37	2.33
258.37	2.34
272.71	6.24
272.69	6.25
272.67	6.30
281.27	10.72
281.27	10.84
286.67	14.85
293.17	21.57
293.7	21.35

注：1mmHg=133.322Pa。

表 1-7　трауму 研究员测验的数据

温度/℃	压力/mmHg
0	6.33
47.56	68.09
50.79	102.17
54.97	123.10
59.90	151.63
64.89	186.51
70.14	229.77
75.57	282.23

续表 1-7

温度/℃	压力/mmHg
79. 95	330. 94
85. 23	399. 49
89. 91	468. 70
94. 69	551. 24
101. 33	681. 46
104. 26	748. 07

注：1mmHg = 133. 322Pa。

由于五羰基铁络合物的蒸气，在热分解温度（180℃）以下是稳定的气态，所以可以控制蒸发器的温度来调节气化量，从而来调节载带气体（CO 气体）与五羰基铁络合物的混合比例。通过稀释比的改变，可以制取具有不同物理及化学性能的羰基铁粉末；也可以获得薄膜材料、包覆复合材料。

1.4.3 羰基铁络合物的热分解特性[5]

五羰基铁络合物气体在温度大于 180℃时能够迅速分解为铁和一氧化碳气体。利用五羰基铁络合物热分解特性，设计不同的热分解环境，可以获得零维几何形状材料、二位几何形状材料及三维几何形状材料。由于具有独特的性能，在高科技领域里获得广泛应用。

1.5 五羰基铁络合物的危害性

五羰基铁络合物不但有毒，而且还是易燃易爆的危险品。从事羰基铁络合物的科研及生产企业，必须严格执行国家的安全环保法规。通过验收合格后方能进行工作。工作人员要经过培训考试合格后持证上岗。

参 考 文 献

[1] Бёлозерский Н А，Карбонилй Металлов. Москва：Научно. тёхничесоеиздательства，1958：47～56.

[2] БСыркин. Карбонильные Металлы Москва：Метллургия，1978：110～118.

[3] БСыркин. Карбонильные Металлы Москва：Метллургия，1978：146～150.

[4] 金志和 . 羰基铁粉末的制造工艺及特殊性能 [J]. 粉末冶金工业，1995，5（29）：169～173.

[5] 钢铁研究总院羰基实验室研究报告 . 微米级羰基铁粉末的制取，1980-8.

2 五羰基铁络合物的结构及性质

2.1 五羰基铁络合物的结构[1]

铁的盐类化合物中，铁经常是以二价或三价的离子存在。为了建立惰性气体氩的电子结构，铁原子应当失去8个电子。为了形成类似于惰性气体氪的电子层，铁原子应当从外面获得10个电子。在3*d*层中所存在的自由电子允许铁原子成为典型的络合物。

Л. Монд 以及以后的 Да. Сильва，Р. Монд. Шуберт 提出了五羰基铁络合物具有 Кроконовой Кислотю 的盐外形的环状结构：

```
      CO—CO
     /     \
   Fe       CO
     \     /
      CO—CO
```

具有这样羰基分子结构中，铁原子习惯上为二价离子。Лэнгшюр 提出铁原子外层中有18个电子，这样就确定了五羰基铁络合物中的铁是负价并等于十价。把羰基化合物变成通常盐的结构的这种尝试已不止一次了。В. Шаншо 以及 А. Рейлен 和 Шуберт 都把羰基物认为是具有 CO 为基的通常酸的盐。实际上（По сути дела）В. Хибер 也同样认为（Также предполагал. чмо——）羰基物的形成类似于盐。再后来的 Сиджвык 和 Беиль 都没有马上对五羰基铁络合物的分子结构作出正确的判断。

Граффундера 和 ХейШана、Эвансаи、Листера 根据电子图像的改变以及通过对 РаШана 光谱和紫外线光谱的研究而得出结论：5个CO原子通过C原子的2个2*s*电子层直接与铁相联。在CO的空间里以这样的形式相配置，与铁原子一块形成直线，以三角形式建立在原子中心周围。这里3个CO组成按120°配置在同一平面上，剩下的2个CO组垂直于这个平面，这样的结构，对于化合的成分自然是 AB_5 已确定的五羰基铁络合物，原子间距离已在下面给出：

C—O	(0.115 ±0.004)nm
Fe—O	(0.299 ±0.004)nm
Fe—C	(0.184 ±0.030)nm
Fe—C	共价半径之距应为0.2002nm

2.2　五羰基铁络合物的物理化学性能[2]

2.2.1　五羰基铁络合物的物理性能

五羰基铁络合物在-180℃时几乎无颜色，在接近熔化温度（-20℃）变成淡黄色。五羰基铁络合物的晶体是属于单斜晶系。在室温时具有特殊气味的黄色液体。五羰基铁络合物的成分已经确定，Fe 为 28.7%～29.4%，CO 为 70.9%～69.9%（按照标准为 28.5%Fe，71.5%CO）。分解时生成金属铁和 CO，同时 CO 的压力增加 5 倍。五羰基铁络合物的熔点为-20℃，沸点为 103.0℃，相对密度（水=1）为 1.453（25/4℃），相对蒸气密度（空气=1）为 6.74，饱和蒸气压为 5.33kPa（30.3℃），燃烧热为：-1620kJ/mol、临界温度为 285～288℃、临界压力为 3MPa，闪点为-15℃，爆炸上限（V/V）为 12.5%、爆炸下限（V/V）为 3.7%，溶解性：不溶于水、易溶于乙醚、丙酮、苯等多数有机溶剂。

按照蒸气压测定分子量等于 196～200，按照低压的办法测定分子量为 194～197，按照 $Fe(CO)_5$ 的分子式来计算分子量为 195.84。冰点降低常数为（7.6±0.1），在熔点时（-20℃）五羰基铁络合物的摩尔体积为 128，在沸腾时（+102.5℃）摩尔体积为 149.6。五羰基铁络合物液体的比容特征方程为：

$$V = 1.974 - 0.5307\lg(288 - t)$$

五羰基铁络合物液体的相对密度列在表 2-1 中。

表 2-1　五羰基铁络合物液体的相对密度

温度/℃	相对密度	作者
-20	1.53	Дьюарп
0	1.479	
13.4	1.474	Гледстоон
15.5	1.470	
16.5	1.468	Дьюарп
18	1.466	монд
18	1.468	
19	1.462	окслеи
20	1.453	Люкас
20	1.455	Коссут
21.1	1.4565	Дьюарп
22	1.460	Гледстон
40	1.433	дьюарп

续表 2-1

温度/℃	相对密度	作者
40	1.421	
60	1.3825	
61.5	1.382	
80	1.351	
102.5	1.310	
288	0.49	

五羰基铁络合物蒸气的密度列在表 2-2 和表 2-3 中。

表 2-2 五羰基铁络合物蒸气的密度，测定人 B. меиеру

温度/℃	气氛	蒸气密度（按 H）	解离度/%
129	CO	93.7	1.2
		93.2	1.2
	N	90.1	2.2
	H	86.2	
		88.7	3.0
		87.5	
155	CO	82.6	4.6
		78.0	6.4
	N	36.4	42.3
182	CO	44.9	30.1
		44.0	
	N	27.0	64.4
216	CO	20.2	96.3
		20.0	97.5
141	H	92.4~93.8	

表 2-3 五羰基铁络合物蒸气的密度，测定人 Гофмана

温度/℃	压力/mmHg	密度（按 H）	解离度/%
78	195	99.8	
	195	98.4	
	212	100.0	
	288	99.8	
100	126	98.3	

续表 2-3

温度/℃	压力/mmHg	密度（按 H）	解离度/%
	179	98.6	
	204	97.2	
	225	97.1	
	298	99.5	
130	130	95.0	0.8
	179	95.7	0.6
	204	96.2	0.5
	225	94.5	0.9
	298	95.0	0.8
141	261	86.6	3.3
155~160	274	70.2	9.9
	354	88.1	2.81
179	249	40.4	35.6
	334	40.4	
	406	44.2	30.2
	574	45.6	28.8

注：1mmHg=133.322Pa。

五羰基铁络合物的蒸气压数据列在表 2-4~表 2-6 中。

表 2-4　Дьюар 数据

温度/℃	压力/mmHg
-7.0	14.0
0	16.0
16.1	25.9
18.4	28.2
18.9	29.4
35.0	52.0
57.0	133.0
78.0	311.2
101.8	736
102.0	744
102.7	749
102.8	764

注：1mmHg=133.322Pa。

表 2-5 Эйбер 数据

温度/K	压力/mmHg
258.17	2.29
258.17	2.30
258.37	2.33
258.37	2.34
272.71	6.24
272.69	6.25
272.67	6.30
281.27	10.72
281.27	10.84
286.67	14.85
293.17	21.57
293.7	21.35

注：1mmHg=133.322Pa。

表 2-6 Траумy 数据

温度/℃	压力/mmHg
0	6.33
47.56	68.09
50.79	102.17
54.97	123.10
59.90	151.63
64.89	186.51
70.14	229.77
75.57	282.23
79.95	330.94
85.23	399.49
89.91	468.70
94.69	551.24
101.33	681.46
104.26	748.07

注：1mmHg=133.322Pa。

五羰基铁络合物的饱和蒸气压与温度的关系如下：

$$\lg P_{mm} = 7.349 - 681/T$$

$$\lg P_{mm} = 8.3098 - 2050.7/T$$

$$\lg P_{mm} = 5.4290 - 2050.7/T$$

五羰基铁络合物的沸点、熔点及临界温度列在表 2-7 中。

表 2-7　五羰基铁络合物的沸点、熔点及临界温度

温　度/℃			压力/mmHg
熔 化 温 度	沸 腾 温 度	临 界 温 度	
19.5~20	101.8		736
低于 21	102.8		749
	102.0		744
	102.7		764
	101.1	238~255	747.6
		283~288	
		289.2	

注：1mmHg = 133.322Pa。

五羰基铁络合物的固体、气体、液体分子热容列在表 2-8 中。

表 2-8　五羰基铁络合物的固体、气体、液体分子的热容

温度/℃	热容/kcal · ℃$^{-1}$			
	固体	液体	气体	
-188~78	29.17	—	—	—
23	—	56.7±1.4	42.4±2.0	45.51±0.9
22.7	—	—	43.4±0.3	—
50	—	61.4±1.4	51.9±2.5	54.24±2.0
23	—	—	43.3±0.5	—
23	—	57.7±2.8	—	—
23	—	56.8	—	—

注：1kcal = 4.1868kJ。

五羰基铁络合物的形成热、燃烧热、熔化热、蒸发热列在表 2-9 中。

表 2-9　五羰基铁络合物的形成热、燃烧热、熔化热、蒸发热

热动力值	获得的条件	热动力值/kcal · mol^{-1}
燃烧热	恒容	372.5，　381.8，　384.5
液体羰基铁形成热	恒压	57.4，　57.3

续表 2-9

热动力值	获得的条件	热动力值/kcal · mol^{-1}
液体羰基铁形成热	恒容	53.85， 53.7， 54.42， 53.7
汽态羰基铁形成热	恒压	43.6，44.0
元素形成羰基物的形成热		138， 189.2， 190.2， 189.9
熔化热		3.25
蒸发热		7.67， 7.73， 9.38， 7.72， 9.33， 9.58， 8.92， 8.37， 9.65， 9.0
蒸发自由能变化	25℃	1.896

注：1kcal=4.1868kJ。

$Fe(CO)_5 = Fe+5CO$ 反应平衡常数列在表 2-10 中。

表 2-10 反应平衡常数

温度/℃	压力/MPa	CO 压力/MPa	平衡压力/MPa	$K=\frac{p_{co}}{p_{Fe(CO)_5}}$	K	$\lg k_p$	$\lg k_p$
60	0.091	0.0706	2.24	0.86	0.063	—	—
80	0.197	0.154	2.18	20.1	3.39	—	—
100	—	—	—	—	—	3.53	—
150	—	—	—	—	—	6.77	—
160	4.35	3.96	0.90	2.4×10^7	1×10^6	—	—
200	14.35	13.53	—	5.5×10^9	12.6×10^8	—	—
200	—	—	0.51			9.32	—
250	—	—	—			11.38	—
250	10	—	—			—	—
300	—	—	1.87			13.06	12.37
300	10	—	0.037			—	—
350	—	—	—			14.48	—
350	10	—	0.001			—	13.81
400	10	—	0.007			—	15.12

五羰基铁络合物的蒸发熵 $\Delta S_{378}=23.83$，五羰基铁络合物蒸发自由能 $\Delta F_{298.1}=7.9\text{kJ}$；$\Delta F=9000-23.8T$。

五羰基铁络合物的立方扩大比例数据列在表 2-11 中。

表 2-11　五羰基铁络合物的立方扩大比例数据

温度间隔/℃	立方扩展比
0～21	0.00121
21～40	0.00128
41～60	0.00142
0～60	0.00138

新生成的五羰基铁络合物在20℃时表面张力为2.24mN/m，在20.2℃时的绝对黏滞性为0.00755MPa·s。

用很细的铁粉末，活化的硅酸盐，硅胶，活性炭以及其他的活性剂都可以吸附混合气体中的羰基铁蒸气。在室温下，氧化铝可以吸附2.5%的五羰基铁络合物蒸气。如果让空气通过浸泡五羰基铁络合物蒸气的木炭时，则羰基铁被分解生成铁的氧化物。如果空气中含有少量的羰基铁蒸气，混合气体通过活性炭时，活性炭马上就发热，同时五羰基铁络合物变成氧化铁。

在室温下，苯、甲苯能吸附羰基铁蒸气，100mL的苯可以溶解0.29mL五羰基铁络合物；100mL的甲苯中可以溶解0.45mL五羰基铁络合物。如果让五羰基铁络合物蒸气与一氧化碳的混合气体通过苯或矿物油时，则五羰基铁络合物被吸附使液体变成棕色。

五羰基铁络合物可以溶解在某些有机溶剂中，无限互溶的有：苯、乙烯、汽油、苯的氢化物、四氯化萘、醚、苯甲醚、丙酮、醋酸、醋酸醚、三氯化碳、溴苯、二氯苯、二硫化碳；有限互溶的：石蜡、脂肪醇、醛类、油酸等。多数的有机化合物中：酸、醇、醚、酮、碳氢化合物，烷基卤化物能够溶解五羰基铁络合物。

五羰基铁络合物折射系数和分子折射率的数据列在表2-12中。

表 2-12　五羰基铁络合物折射系数和分子折射率的数据

温度/℃	линий　фраунгофера						
	A	B	C	D	E	F	G
折射系数							
22	1.5026	1.5076	1.5096	1.5180	1.5298	—	—
22	—	-	—	1.519	1.528	—	—
13.4	1.5071	—	-	1.5230	—	1.5446	1.5650
10	—	—	—	1.517	—	—	—
分子折射率							
22	67.46	68.14	68.41	69.54	71.00	—	—
13.4	67.43	—	—	69.54	—	72.42	75.13

五羰基铁络合物铁吸收光的值引入在表 2-13 中。

表 2-13 五羰基铁络合物铁吸收光的值

波长 /μm	диэлектрическая постянная（亚电常数）							
	纯五羰基铁络合物	五羰基铁络合物液体 B						
		四氯化碳	苯	甲苯	木石	O 木石	三氯甲烷	醛
600	0.031	0.033	0.031	0.032	0.032	0.032	0.032	0.033
580	0.047	0.047	0.048	0.046	0.048	0.047	0.048	0.049
560	0.074	0.076	0.078	0.077	0.077	0.077	0.077	0.076
540	0.129	0.127	0.129	0.128	0.127	0.130	0.129	0.125
520	0.217	0.224	0.230	0.224	0.225	0.223	0.224	0.222
500	0.392	0.402	0.403	0.405	0.398	0.406	0.397	0.392
480	0.760	0.776	0.782	0.779	0.781	0.776	0.763	0.780
436	—	5.58	5.55	5.55	5.56	5.59	5.45	5.45

从表 2-13 中的数据可以得出以下结论：纯羰基铁和它的溶液吸收光谱相同。五羰基铁络合物吸收光谱从 410nm 到较短的一边，在乙烯和四氯化碳中吸收从 5500nm 开始，用分之色散光 H_γ 和 H_α 之间等于 6.6，A 和 H 之间等于 10.5。

2.2.2 五羰基铁络合物的化学性质

五羰基铁络合物与酸碱盐的相互作用，在室温时，五羰基铁络合物不能被稀释的无机盐破坏，浓硫酸与五羰基铁络合物接触可以发生剧烈的化学反应。

$$Fe(CO)_5 + H_2SO_4 = FeSO_4 + 5CO + H_2$$

五羰基铁络合物与醚、四氯化碳形成的溶液，在遇到王水（HCl：HNO_3 = 3：1）时，五羰基铁络合物会被强烈地破坏。

$$Fe(CO)_5 + 2HNO_3 = Fe(NO_3)_2 + 5CO + H_2$$

如果在 CO 的气体中含有五羰基铁络合物蒸气，混合气体与浓盐酸接触时，立刻就有氯化铁沉淀出来。浓硫酸能够吸附五羰基铁络合物的蒸气，然后立刻就会使羰基铁分解。如果 CO 气体中含有五羰基铁络合物蒸气时，再与氯化氢气体同时引入到活性炭中，则氯化铁被析出。在无光的合金中，五羰基铁络合物不与氯化氢起作用。在五羰基铁络合物与三氯甲烷的溶液中，硫化氢能够破坏五羰基铁络合物并形成氯化铁，同时放出 CO 和氢气。

在零下 15℃ 有火花时，羰基物蒸气与空气混合物一定产生燃烧；在温度

34℃时（也有报道60℃）适当条件下能够自燃。$Fe(CO)_5$ 相当活泼，容易形成氢化羰基物 $H_2Fe(CO)_4$ 及其金属盐 $Na_2Fe(CO)_4$，卤化羰基物 $Fe(CO)_4I_2$、亚硝酰基羰基物 $Fe(CO)_2(NO)_2$、氯化羰基物 $Fe(CO)_3(CH_3OH)$、环戊二烯羰基物 $[C_5H_5Fe(CO)_2]_2$ 等很多化合物。$Fe(CO)_5$ 光化学性能很好，在光的作用下 $Fe(CO)_5$分解形成 $Fe_2(CO)_9$。当加热到 140℃时，$Fe(CO)_5$ 易氧化，形成 Fe_2O_3（铁氧体）。针对 $Fe(CO)_5$ 的临界温度，在常压及温度为 250～300℃时进行 $Fe(CO)_5$的热解，是 $Fe(CO)_5$ 最重要的应用，也是工业化制取羰基铁粉的最基本方法。

2.3　五羰基铁络合物的热分解[3]

在太阳光直接照射下，经过一段时间后五羰基铁络合物就可以进行分解。白天的散光作用下五羰基铁络合物分解比较缓慢；蓝色光能够使五羰基铁络合物迅速地分解。五羰基铁络合物在有机介质中，例如：甲基醇和异丁基醇的溶液中，在汞光的照射下五羰基铁络合物强烈分解。在阳光的照射下，五羰基铁络合物分解成九羰基铁及一氧化碳气体。在 50～180℃下五羰基铁络合物在醚和醇的溶液中，同时在阳光的照射下也是分解成九羰基铁和一氧化碳气体。

五羰基铁络合物在吡啶中通过阳光的照射下，变成暗红色同时放出气体。结晶的五羰基铁络合物从浓缩的溶液中分离出来。五羰基铁络合物在石油醚和在吡啶中的分解是按一级反应进行的。在 18℃时，五羰基铁络合物在氩气气氛中用波长 254～436nm 照射下，五羰基铁络合物吸收光量子并放出一氧化碳气体。放出一氧化碳气体与吸收光量子的关系如下：

波长/nm	436	366	300	254
吸收 CO	0.83	0.85	0.98	0.99

由此可见：每吸收一个光量子，就放出一个 CO 分子。

光化学作用下，在波长为 330～630nm 的作用下五羰基铁络合物可以分解。短波长的光能够完全被五羰基铁络合物吸收，不会使五羰基铁络合物分解。吸收 410nm 波长的光，可以使五羰基铁络合物变成橙黄色的五羰基铁络合物。дибер 提出的机理为：

$$Fe(CO)_5 + h\gamma \longrightarrow Fe(CO)_5{}^*$$

$$Fe(CO)_5^* + Fe(CO)_5 \longrightarrow Fe_2(CO)_9 + CO\uparrow$$

可是 томпсон 和 гарратт 认为：

$$Fe(CO)_5 + h\gamma \longrightarrow Fe(CO)_4^* + CO\uparrow$$

$$Fe(CO)_4^* + Fe(CO)_5 \longrightarrow Fe_2(CO)_9$$

从吸附的下限值可以得出吸附的能量为 69kcal/mol。反应的活化能大约为 30kcal/mol。由此可见，光化学反应大大地超过了反应的起始热量。

如果光致使五羰基铁络合物分解出CO并且形成九羰基铁$Fe_2(CO)_9$，当在无光线时，在一定的压力下，上述反应就往反方向进行。反方向的反应速度是不太大的，在醚的蒸气中要16天终止反应，在甲基醇中与醚相同。在温度高于56℃时五羰基铁不能解离为九羰基铁，这是由于以下的两个原因：一是五羰基铁的形成温度系数大；二是随着温度的提高，可以增加溶解九羰基铁的溶解度和浓度。在56℃时五羰基铁络合物的分解和形成反应可能达到平衡。

五羰基铁络合物的热分解现象几乎是在形成该化合物的同时发现的。бертло早就指出，当提高温度时五羰基铁络合物就开始解离出金属和一氧化碳气体。

1909年，г. ларсем利用感应炉进行五羰基铁络合物的热分解。五羰基铁络合物在高于50℃时开始分解，在200℃时五羰基铁络合物的热分解速度达到顶峰。

Л. монд已经观察到在温度为180℃时，五羰基铁络合物液体在苯及矿物油中能够析出铁粉末使溶液变成黑色，释放出的一氧化碳的气体中含有二氧化碳。实际上，五羰基铁络合物形成时就伴随着五羰基铁络合物的分解。

在五羰基铁络合物的形成和分解过程中，五羰基铁络合物的浓度、温度及时间的依赖关系列在表2-14中。

表2-14 五羰基铁络合物的浓度、温度及时间的依赖关系

温度 /℃	试验时间 /h	$Fe(CO)_5$浓度（体积分数）/%	
		形成	分解
19	—	4.2	
41	—	8.1	
50	—	14.7	
60	336	6.7	13.8
70	144	3.7	11.3
80	48	1.5	4.9
90	8	0.2	0.6
100	4	0.1	0.2

随着温度的增加、压力的下降，五羰基铁络合物的分解加速。此时，即使是同样的温度下，五羰基铁络合物在有一氧化碳气氛下的分解速度要比在氮气的气氛中慢得多。因为N_2的气氛中CO的分压降低，通过计算可以看出：增加CO的压力，使反应的自由能变得更负，五羰基铁络合物的稳定性增加。

通过质谱仪观察五羰基铁络合物的热分解过程中发现：五羰基铁络合物热分解的工程中，形成的中间产物$Fe(CO)_4$、$Fe(CO)_3$、$Fe(CO)_2$、Fe(CO)大约占

64%，这样一来 CO 分子的脱附速度就进行得很慢。

在常压下蒸馏五羰基铁络合物时，会出现五羰基铁络合物的分解。由于在很细的羰基铁粉末的催化作用下，五羰基铁络合物的分解速度加速。当环境的温度达到60℃时，五羰基铁络合物的分解反应进行得非常激烈。当温度达到 100℃时，五羰基铁络合物的分解速度达到顶峰，分解得非常完全。

如果在 CO 的气体中含有五羰基铁络合物蒸气时，当玻璃管加热到 200℃时，则在玻璃管的内壁出现金属铁的境面。当温度高于 200℃，玻璃的内表面形成了棉絮状的金属铁与碳元素。在 270～300℃五羰基铁络合物分解的铁粉末中含有90%～95%的铁，在温度高于 400℃铁粉末中含碳量就明显地增加。

在真空的条件下，当玻璃管内的温度达到 100℃时，玻璃管的内壁出现境面状态的铁，温度达到 170～220℃时，玻璃管的内壁就出现了明显的铁的境面，境面中含有一定量的碳。

当五羰基铁络合物蒸气加热到 200～300℃在自由空间中进行热分解时，就获得颗粒度很细的羰基铁粉末。在提高热分解的温度时，则羰基铁粉末的颗粒会降低。如果五羰基铁络合物的蒸气在温度为 250℃热解器中进行热分解时，五羰基铁络合物蒸气在热解器停留的时间不超过 2～3s 时，热分解炉内部五羰基铁络合物蒸气的压力为 196～980Pa，则获得的羰基铁粉末的颗粒不大于 6μm（平均为 2～3μm）。在 300℃时颗粒的平均粒度不超过 2. 7μm。在 400℃时颗粒的平均粒度为 1. 1μm。在 400～500℃时，羰基铁粉末中的含碳量明显地增加。碳在羰基铁粉末中以 Fe_3C（碳化三铁）形式存在，并且还吸附 CO 和非晶型炭黑。羰基铁粉末中除了含有 Fe_3C（碳化三铁）及吸附 CO 和非晶型炭黑外，还有数量不多的 O_2。

为了去除羰基铁粉末中的碳和氧，利用 H_2 在还原炉中加热到 450℃，还原24h。为了改善羰基铁粉末出动碳和氧后的性能，在五羰基铁络合物热分解时，在热分解的气氛中加入 3%的氨气。当热分解的温度在 260℃时，五羰基铁络合物液体为 30kg/m^{3}时，所获得的羰基铁粉末的粒度≤3μm，大约 75%；3～4μm 大约 25%。在五羰基铁络合物液体为 15kg/m^3 时，所获得的羰基铁粉末的粒度≤2. 5μm大约 5%；5～7μm 大约 30%；7～10μm 大约 20%。

为了获得更细的羰基铁粉末，五羰基铁络合物的分解过程可以分两步进行；在第一段加热区中采用辐射加热方式，大量地形成晶核；第二段加热区中通过长大形成粉末的质点。如果在五羰基铁络合物蒸气中加入 1%的联苯或者一些碳氢化合物，也能够获得细的羰基铁粉末。

通过调解热分解的温度，五羰基铁络合物蒸气的浓度以及羰基铁蒸气在热解器中停留的时间，可以获得不同粒度的羰基铁粉末。在热分解羰基镍和羰基铁混合物的蒸气时，就获得铁-镍合金粉末。

羰基铁粉末的内部结构类似洋葱头的层状结构，金属层与碳层交替排列。这种微米级的羰基铁粉末，很容易被烧结成块。在250℃的 H_2 中进行烧结能够除去羰基铁粉末中的碳及氧。

2.4 五羰基铁络合物的危害性及安保措施[4~6]

2.4.1 五羰基铁络合物毒性

五羰基铁络合物是一种引起机体全身性中毒的极为活泼的化合物。它的毒性与羰基镍相似，但低于羰基镍。由于五羰基铁络合物在常温下挥发度很大，其蒸气比空气重，都积聚在低层空气中，所以容易经呼吸道引起中毒。五羰基铁络合物除了具有微弱的水溶性外还具有很好的脂溶性，所以具有经过无伤皮肤侵入机体的能力。

根据中国药学科学院卫生研究所关于五羰基铁络合物毒性试验结果，从动物中毒表现及病理改变说明，五羰基铁络合物经呼吸道、口灌胃、皮肤黏膜均可以引起机体中毒。主要表现为呼吸系统、消化系统障碍和肝脏损坏等，中毒症状包括呼吸困难、发绀、震颇和四肢麻痹等。但是否对肝肾血液功能也有影响，有待进一步研究。

五羰基铁络合物对小白鼠半数致死量的浓度为（0.42±0.05）mg/L，对豚鼠半数致死量的浓度为（5.0±1.6）mg/L，对家畜致死的浓度为6.1mg/L。中国MAC(mg/m)：未制定标准，苏联MAC(mg/m)为0.1。

2.4.2 危险性

健康危害：剧毒。接触引起眩晕、头痛、呼吸困难和呕吐。脱离现场吸入新鲜空气后可缓解，但12~36h后又可出现呼吸困难、急性肺水肿等。

燃爆危险：该品易燃，高毒，具强刺激性。

2.4.3 急救措施

皮肤接触：立即脱去污染的衣着，用大量流动清水冲洗；就医。眼睛接触：提起眼睑，用流动清水或生理盐水冲洗；就医。吸入：迅速脱离现场至空气新鲜处，保持呼吸道通畅。如呼吸困难，给输氧。如呼吸停止，立即进行人工呼吸。就医。食入：饮足量温水，催吐；就医。

2.4.4 消防措施

危险特性：暴露在空气中能自燃。遇明火、高热能引起燃烧爆炸。与氧化剂能发生强烈反应。其蒸气比空气重，能在较低处扩散到相当远的地方，遇火源会着火回燃。与锌及过渡金属卤化物发生剧烈反应。有害燃烧产物：一氧化碳、二氧化碳、氧化铁。灭火方法：消防人员必须佩戴过滤式防毒面具（全面罩）或隔离式呼吸器、穿全身防火防毒服，在上风向灭火。尽可能将容器从火场移至空旷处。喷水保持火场容器冷却，直至灭火结束。处在火场中的容器若已变色或从安全泄压装置中产生声音，必须马上撤离。用水灭火无效。灭火剂：雾状水、泡沫、干粉、二氧化碳、砂土。

2.5　储存

储存注意事项：储存于阴凉、通风的库房。远离火种、热源。防止阳光直射。保持容器密封。应与氧化剂、碱类、胺类、卤素、食用化学品分开存放，切忌混储。采用防爆型照明、通风设施。禁止使用易产生火花的机械设备和工具。储区应备有泄漏应急处理设备和合适的收容材料。

2.6　废弃处置

废弃处置方法：建议用控制焚烧法或安全掩埋法处置。若可能，重复使用容器或在规定场所掩埋。用含有50%以上漂白剂的稀碱液（pH=10~11）处理，通过漂白剂的加入速度控制反应温度。静置一晚，小心将pH调至7，反应可能放出气体，滤出固体做掩埋处置。

参 考 文 献

[1] Бёлозерский Н А，Карбонилй Металлов. Москва：Научно. тёхничесоеиздательства，1958：46~47.

[2] Бёлозерский Н А，Карбонилй Металлов. Москва：Научно. тёхничесоеиздательства，1958：56~71.

[3] БСыркин. Карбонильные Металлы. Москва：Метллургия，1978：111~120.

[4] 李侬，等. 羰基镍生产中的事故风险及预防对策［J］. 工业安全及防尘，1998（8）：22~26.

[5] 滕荣厚，李一，柳学全. 羰基法精炼镍｛铁｝车间的通风设置［J］. 中国有色金属，2010，1：19~24.

[6] 钢铁研究总院羰基冶金实验室研究报告. 羰基法精炼铁车间安全生产及环保报告，2006-6.

3 五羰基铁络合物的合成

羰基铁络合物具有多种衍生物，作为应用于羰基冶金的原料只有五羰基铁络合物。本章叙述的是五羰基铁络合物的合成方法及原理。

在一定的温度及压力下，具有活性的海绵铁与具有一定活化能的一氧化碳气体能够进行羰基铁络合物的合成反应。生成五羰基铁络合物 $Fe(CO)_5$。其化学反应方程式为：

$$Fe + 5CO \xrightarrow[180\sim200℃]{20\sim22MPa} Fe(CO)_5 + 44.0kcal/mol$$

从合成五羰基铁络合物的反应式来看，获得五羰基铁络合物过程非常简单。但是，从实验室获得的数据来自建立小型实验室获得五羰基铁络合物的方法，再扩大到建立大规模工业化生产，直到能够控制工业化安全环保生产，实现这个合成反应过程，却走过历尽辛苦漫长的科研道路。

3.1 探索获得五羰基铁络合物的历程及启示[1,2]

在 1889 年以前，人们已经发现：在点燃的煤气灯罩子上面有一层明亮的铁膜，在烧砖窑的壁上也有沉积铁。科学家经过分析研究于 1891～1892 年得出结果并指出：沉积铁是由于五羰基铁络合物以气体的形式混合在水煤气中。

英国科学家蒙德（Ludwig Mond）和兰格尔（Carl Langer）在 1889 年获得五羰基铁络合物，之后贝特鲁在 1891 年发现并获得了五羰基铁络合物。他们是从铁合金中获得了五羰基铁络合物。由此引起科学工作者的极大兴趣，开始摸索合成五羰基铁络合物的方法。

蒙德（Mond）是最先在实验室里研究合成五羰基铁络合物的科学家。他发明了一种可以强化加速获得五羰基铁络合物的合成反应方法。在合成反应器中装入细的铁粉，在温度为 80℃，常压 CO 气体的条件下，CO 与铁粉末相互作用进行合成反应。一昼夜之后，反应器内已经存在少量五羰基铁络合物；当使反应温度提高到 120℃时，合成反应进行一昼夜后，把从反应器排出的混合气体经冷却到-20℃时，液体的五羰基铁络合物产物从 CO 气流中进行分离，可获得五羰基铁络合物达 100g 左右。

1916 年在俄罗斯 Баденской 工厂里钢制的罐中，意外地发现五羰基铁络合物液体近半公斤。后来在这个工厂里利用加压 CO 气体大约 0.8MPa 左右，同时提高温度到100℃，获得了相当数量的五羰基铁络合物。这偶然的发现明确地告诉我们：一氧化碳气体与金属铁在长期的相互作用下，能够进行化合反应生成五羰基铁络合物。

3.1.1　还原铁的活性及分散度

将黄铁矿、磁铁矿、褐铁矿、钛-铁砂、铁铝矾土、氧化铁矿通过氢气还原后，活性铁与一氧化碳气体反应是适合制取五羰基铁络合物极好的原料。铁氧化物材料先通过低温还原，这样可以避免颗粒烧结成致密体。为了加速氧化铁的还原过程，可以使还原温度提高到900～1000℃，此时，要添加石灰石。还原后的磁铁矿，希望是在惰性气体中进行冷却，最好是在 H_2 和 CO 气氛中。易熔化物质和易造渣的物质，在合成五羰基铁络合物之前要从原料中除掉。例如：在低温下还原的黄铁矿，在合成温度为60℃，常压一氧化碳气体中，就能很快地形成五羰基铁络合物。

为了降低还原原料温度，因此要引进具有一定压力的氢气来强化过程。在500℃用氢气还原的铁矿和硫酸铁，在90～100℃时，CO 气体在2MPa 压力下，Fe 与 CO 作用21h，会迅速生成一定数量的五羰基铁络合物。

如果用4份铁屑和0.4份的碳混合后，加热2h温度达到950℃，然后用氢气来还原达到72%的还原率。在温度180℃，一氧化碳气体压力为18MPa下进行羰基合成，则五羰基铁络合物合成率可达到90%。当温度达到180℃，再提高 CO 的压力，也不能将铁从矿石中全部提取出来。因为在高温下会导致 CO 的破坏，羰基铁络合物合成反应终止后，再打开反应器时会发现炭黑存在。

形成五羰基铁络合物的化合反应是在气相与固相之间进行。合成反应的特性取决于金属表面积大小和表面纯度。大量的实验数据已经指出：致密金属铁与 CO 几乎不发生作用，然而海绵铁容易与 CO 气体进行合成反应。这就明确地说明：原料铁需要一定的分散度和活性。例如：氧化矿、黄铁矿或者是铁的氯化物，先在空气或水蒸气中700℃氧化，然后再用 H_2 还原。用 H 还原后并且在 CO 气氛中冷却，可以获得五羰基铁络合物。获得五羰基铁络合物还可以采用不适合在高炉工艺的矿石为原料，如含有铜和锌的矿石。羰基过程的原料可以是铝矾土、富铁的氧化物、铁钛砂等。

综上所述，无论是哪一种含有铁的原料，只有通过还原处理后，获得活性海绵体及具有一定粒度的铁原料，才能够与一氧化碳气体进行合成反应，生成五羰基铁络合物。

3.1.2　温度的双重作用

在比较低温条件下，用氢气还原的草酸铁，这种铁粉末颗粒微小又较活泼。

在温度为15~60℃，CO气体在低压下，就能够进行合成反应，形成五羰基铁络合物。提高温度会提高合成反应的速度，但是高压釜内部的温度是有界限的。如果高压釜内部温度超出CO气体在某一压力下的温度限定范围，则五羰基铁络合物合成反应会向着逆方向进行。五羰基铁络合物合成反应进行的同时，也伴随着五羰基铁络合物产物分解比例的增长。因此，五羰基铁络合物合成速度变得缓慢。另外，由于五羰基铁络合物在铁原料表面形成了吸附层，这个吸附层会阻碍一氧化碳气体进入铁表面，致使铁的表面与CO接触减少，合成反应难以进行。当反应器温度逐步上升直至200℃时，五羰基铁络合物的产量随温度上升而增加。其原因是温度的提高，增加五羰基铁络合物的动能，促使五羰基铁络合物分子从吸附层逸出进入气相，为CO气体进入铁表面并且进行吸附创造条件。此时，如果反应器的CO气体压力低于5MPa，温度在高于200~250℃时，五羰基铁络合物合成反应速度会急剧下降。其原因是五羰基铁络合物开始分解，析出活性极强的纳米铁。一氧化碳气体在超细铁粉末的催化作用下，开始强烈的破坏，变成CO_2和炭黑。不但使得CO气体浓度下降，而且使析出的碳颗粒吸附在铁表面。

从上述的探索过程中，我们对于温度的作用有了进一步的认识，反应器内部的温度是一把双刃剑，在操作过程中防止反应器内出现低压高温现象。

3.1.3 压力与温度匹配

在五羰基铁络合物合成时，合成反应釜内部温度低于220℃，提高CO压力到10~25MPa，则五羰基铁络合物的产量大量增加。蒙德的试验结果明确地指出：在一定的温度及压力下，一氧化碳气体与还原铁粉末的合成反应速度会大大地加速，为大规模工业生产奠定基础。早在1921年，就研究开发出改进五羰基铁络合物的生产方法，那就是在较高的高温下，通过提高具有一定压力的CO气体与很细的铁粉进行合成反应作用。合成反应进行一定时间后，从反应器排出产物与CO气体混合物，用冷却混合气体的办法，将五羰基铁络合物液体收集在特制的罐中，可以小批量生产五羰基铁络合物。

五羰基铁络合物形成反应 $Fe+5CO = Fe(CO)_5$ 系统气体容积减5倍，因此，提高CO的压力，无疑使反应向右进行。例如：温度在200℃、反应时间为2h，从30g铁粉中获得五羰基铁络合物。其最大产量与压力关系见表3-1。

表3-1 五羰基铁络合物合成反应产物与CO压力关系

压力	MPa	10	15	20	30
产量	$Fe(CO)_5$/mg	2.90	7.00	9.75	14.30

在合成五羰基铁络合物时，增加CO的压力，减少羰基物的吸附作用，这是

与质量作用定律相符合的。按着Штофеля的观察：铁吸附CO的速度和五羰基物形成速度，大概是与压力的二次方成正比例的。尽管合成五羰基铁络合物的方法是各种各样的，但是适合于工业上应用的很少。

上述实验结果表明：提高CO气体压力会加速五羰基铁络合物的合成速度，但是一定要控制好一氧化碳气体压力与温度的匹配。

3.1.4　活化的CO气体在活性铁表面的吸附

五羰基铁络合物的合成反应，通常都是在含有铁的原料与一氧化碳作用为基础。开始形成的五羰基铁络合物吸附在铁表面上，吸附量的多少主要取决于原料铁的分散度和它的活性。在高温条件下还原获得的铁原料，具有很小的活性表面，因此，会大大地降低吸附CO气体能力。只有活性铁表面有能够进行物理吸附的CO分子，才是能够进行五羰基铁络合物羰基化合反应第一关卡。开始时，新形成的五羰基铁络合物停留在铁原料活性中心的表面上，形成具有一定厚度的不连续分布吸附层。随着CO的物理吸附转化为化学吸附，五羰基铁络合物形成的吸附层逐渐取代了CO在固体原料表面的吸附。这时铁表面几乎完全被五羰基铁络合物占据，铁表面已经没有可以提供CO进入铁材料表面的空位，五羰基铁络合物吸附层就阻碍了CO气体的物理吸附。随着五羰基铁络合物浓度的增加，使它们一部分进入气相，铁露出新鲜表面时，又能够使CO渗透到原料表面，进一步与铁相互作用生成五羰基铁络合物。铁吸收CO的速度，开始很快，在这以后就缓慢了，它是符合标准的吸附曲线的。

若假定：CO气体全部消耗在五羰基铁络合物的合成化学反应上，那么五羰基铁络合物的形成速度，显然是等于CO的消耗速度。因此，可以由下列因素来测定：CO气体进入并能够穿过五羰基铁络合物吸附层的扩散速度，控制五羰基铁络合物合成反应的速度。如果CO气体扩散速度很快，CO气体与活性铁的相互作用进行合成反应，则五羰基铁络合物形成的合成反应加速进行。事实上，按着吸附曲线来判断，在五羰基铁络合物吸附层不太厚的情况下，CO气体通过吸附层的扩散速度远低于五羰基铁络合物的形成速度。因此，CO气体的扩散速度是控制特定的因素。如果扩散与吸附层是直线关系，那么CO气体吸附量与扩散速度之积，应该是常数。实际上指出：这个乘积开始上升，然后下降。

CO气体在于20℃和40℃时的吸附曲线指出：形成五羰基铁络合物的反应速度应该是够大的，可是随着反应产物五羰基铁络合物的出现，CO气体与铁作用过程就会逐渐缓慢直至停止。反应在50℃时，CO吸附曲线急剧下降；在100℃时，CO的吸收就完全停止，同时还指出：CO的吸收速度与CO分压成正比。单位容积铁吸收CO可见下表3-2的数据。

表 3-2 单位容积铁吸收 CO 与温度的关系

温度	25	110	218
单位容量铁（cm^3）吸收 CO 量/L	0.70	0.20	0.10

Штоффель 在实验中采用粒度为 0.01～0.001mm 的铁粉为原料进行合成反应，五羰基铁络合物在铁表面形成液体吸附层，当五羰基铁络合物形成反应时吸附层厚度为 7～70μm，实际上铁原料已经浸泡在五羰基铁络合物液体中。此时，五羰基铁络合物的合成反应就会停止。

3.1.5 添加物

在一定的温度及压力下，CO 活化的气体和含有铁的活性原料进行合成反应的过程中。当参加反应的 CO 气体和铁中含有杂质时，将对五羰基铁络合物合成反应有很大的影响。例如，在往 CO 气体中加入 1%（体积分数）的氨气时，将使羰基合成反应速度增加一倍，在反应的气体中存在着甲醇蒸汽、甲醛、硫化物，对形成五羰基铁络合物合成反应是有利的。为了防止氧化气体有害作用，把硫化物引入到反应的空间里，使之消除原料表面的氧化膜。硫化物可以以硫化氢、硫碳或者以固态形式加入到原料中去，例如，废铁和黄铁矿（3：1）中硫的存在可以阻止 CO 的破坏。硒和碲的作用与硫一样。

把氧化气体加入 CO 中，例如碳酸和氧使得形成五羰基铁络合物的反应停止，其原因是氧化金属表面使铁纯化，这种纯化在氢气气氛中加热也不消失。

在反应的气体中加入氢，对反应无不良作用。相反，利用水煤气和（$CO+H_2$）混合气体，在合成气体中要比发生煤气含有较丰富的 H_2。因此，不用还原铁，而是利用铁的氧化物和它的盐，或者易氧化的碳酸盐和草酸盐。在这个条件下，反应可以在高压高温进行（20MPa）。加入细的氧化铝粉、氧化铋、氧化铁、氧化铜粉末到原料中，防止铁的烧结，同时加速五羰基铁络合物的合成速度。在表 3-3 中列出了五羰基铁络合物形成过程与加入的杂质量的依赖关系。

表 3-3 当原料中含有硫元素时，在 CO 气体 20MPa、15h 反应后五羰基铁络合物的合成率

添加 S 量（原子量）/%	五羰基铁络合物的合成率/%
100	6.0
81.3	9.4
62.7	24.5
47.3	55.1
34.8	56.3

续表 3-3

添加 S 量（原子量）/%	五羰基铁络合物的合成率/%
19.3	84.5
10.4	86.8
5.1	91.3
1.6	90.3
0.6	90.4
0.3	94.5
0.00	26.4

在高压下，利用铁的硫化物为原料，合成五羰基铁络合物的反应速度缓慢，但是在进行较长时间的合成反应时，几乎全部变成羰基物。在原料中加入硒和碲元素时，会提高五羰基铁络合物的合成率。其作用效果列在表 3-4 中。

表 3-4 在温度为 200℃、CO 气体压力为 20MPa 时，硒和碲元素对合成五羰基铁络合物的影响

添加量/%	形成 $Fe(CO)_5$/%
硒	
0.9	93.0
50.0	60.9
碲	
1.0	88.6
5.00	53.4

碘也有类似的作用，当原料中含有 0.25%的碘时，五羰基铁络合物的产量超过 90%，当有 50%的碘时产物接近 60%。碘在获得羰基物的过程中与中间产物 $Fe(CO)_4J_2$ 是相关的。同样硫、硒、碲的作用不稳定，也会产生中间化合物 $Fe(CO)_8S_2$、$Fe_3(CO)_8Se_2$、$Fe(CO)_8Te_2$。可见，添加物的催化作用不可忽视。

如果以金属的卤化物做为原料，在 CO 气体为 20MPa 压力下，合成反应温度分别为 200℃、250℃条件下，形成下列不同数量的五羰基铁络合物。例如：溴化铁中放入银（$FeBr_2$: Ag = 1 : 3）转化的五羰基物为 7.5%；在放入铜（$FeBr_2$: Cu = 1 : 4）转化率为 19.5%（220℃转化率为 8.8%）。铁的碘化物在和铜/银混合时，在温度为 200℃，CO 气体压力为 20MPa，合成反应为 15h 时，形成五羰基铁络合物达 97.7%（4Cu : FeJ_2）和 92.2%（6Ag : FeJ_2）。

3.2 五羰基铁络合物的合成反应机制[3,5]

科学家在探索活性铁与具有一定活化度的CO气体进行合成反应获得五羰基铁络合物的过程中，实际上是在反应器系统的外面，通过观察压力、温度参数的变化，来判断合成反应进行的程度。而在研究五羰基铁络合物的合成反应机制时，实际上是对在反应器内部，参加合成反应的每一个组分的行为进行探索研究。科学家在研究五羰基铁络合物合成反应机制时发现：五羰基铁络合物合成机制与四羰基镍络合物合成反应机制极为相近。这个观点在科学界达成共识，所以引用四羰基镍络合物合成反应机制来描述五羰基铁络合物合成机制是合适的。

3.2.1 一氧化碳气体在活性金属铁表面上的吸附过程解析

在高压反应釜内直接合成五羰基铁络合物的时候，当具有活性金属铁与具有一定活化度的CO气体互相接触时，活化的CO开始在金属铁的固体表面上进行物理吸附。活化CO分子的物理吸附伴随着不大的热效应。在金属铁表面上，被吸附的活化CO可以解吸附。此时CO气体离开铁的表面并不困难。活化的CO分子在金属铁的固体表面上进行更深度的活化吸附时，活化吸附的特征是完全具有化学作用的全部特点。可以发现CO分子在活性铁表面上的吸附，不但具有较大的活化能，而且释放大的热效应。CO气体解吸附非常困难。活化吸附再进一步是化学吸附，化学吸附的速度是随温度的升高而增加，被吸附的活性CO分子内部键发生变形的同时，产生了五羰基铁络合物。形成的五羰基铁络合物是以范德华引力附在金属铁的表面。

因此，在金属铁表面上首先产生由CO分子所形成的吸附层（物理吸附过程），然后在这个吸附层中，活化的CO气体分子进一步出现活性吸附及化学吸附，此时大量的五羰基铁络合物的分子就呈现了。CO分子在铁表面上进行活化吸附非常慢，但是很快在铁表面上逐渐地被羰基化合物分子吸附层所充满。这个所有的过程的形成描述如下：

$$[Me] + nCO \longrightarrow [Me](CO^*)_n$$

$$[Me](CO^*)_n \longrightarrow Me(CO)_n \text{ 吸附}$$

式中 CO^*—— 一氧化碳活化分子；

$[Me](CO)_n$—— 一氧化碳与金属的吸附分子团。

3.2.2 五羰基铁络合物在活性铁表面上的脱附是合成反应的控制步骤

当活性金属铁的表面被吸附的五羰基铁络合物全部充满时，即使是具有最高活化度的一氧化碳分子，想通过五羰基铁络合物分子的吸附层，而到达活性金属表面无疑是非常困难的。当一氧化碳分子进入金属铁表面的通道完全被阻止时，五羰基铁络合物的形成也被停止了。通过改变反应釜内部温度、CO 压力、活性铁原料的运动及不停地从反应釜移除五羰基铁络合物产物等操作，加速五羰基铁络合物从铁表面脱附速度，就不断地会有新的活性铁表面暴露出来。此时，CO 气体到达活性铁暴露的表面，新的一轮五羰基铁络合物形成又开始了。周而复始该过程，五羰基铁络合物的合成反应就会进行下去，直至原料中铁耗尽为止。

3.2.3　五羰基铁络合物合成反应过程的几个独立阶段的描述

3.2.3.1　物理吸附阶段

当含有活性铁的固体表面与具有活化能的 CO 气体接触时，则活化的 CO 气体在铁的表面上进行物理吸附（包括内表面缺陷及空隙）。

$$[Fe^*] + 5[CO]^* \rightleftharpoons [Fe]\cdot 5[CO]^* \text{ 吸附}$$

CO 气体在活性铁表面的物理吸附伴随着不大的热效应，吸附的气体可以解吸附。

3.2.3.2　活化吸附阶段

具有活化能吸附的过程是化学作用的特征，该过程具有大的热效应，解吸附很困难。

3.2.3.3　化学吸附阶段

化学吸附的速度随着温度的升高而加速，CO 分子在活性铁表面进行化学吸附过程中，首先是 CO 分子内部发生键的变形，而后是化学吸附与化学反应一起进行，产生五羰基铁络合物吸附在铁表面上。

$$[Fe] + 5[CO]^* \rightleftharpoons [Fe]\cdot 5[CO]^* \text{ 吸附} \rightleftharpoons Fe(CO)_5 \text{ 吸附}$$

3.2.3.4　五羰基铁络合物从铁表面上脱附

五羰基铁络合物的分子，在铁固体表面上形成内聚力较弱的吸附层。当五羰基铁络合物分子吸附层增加足够厚时，反应容器内同时处在较高的温度下，五羰基铁络合物分子吸附的机械运动增加，聚集在铁表面吸附层上的五羰基铁络合物分子，在相互斥力及热运动的同时作用下，维持在金属表面上的五羰基铁络合物分子的范德华内聚力与分子机械运动力打破平衡时，瞬间有五羰基铁络合物分子进入气相（蒸发或者分解）。

$$Fe(CO)_5 \text{ 吸附} \rightleftharpoons Fe(CO)_5 \text{气}$$

这时五羰基铁络合物吸附的分子脱离吸附层过渡到气相中，进入反应釜空间的五羰基铁络合物经过分离收集贮存。

在提高系统温度及增加压力的情况下，从吸附层进入气相的五羰基铁络合物分子增加。温度的影响是由于提高了五羰基铁络合物分子在吸附层中动力学作用的缘故，系统压力的提高会造成气相中五羰基铁络合物蒸气分压的增加。

另一方面，五羰基铁络合物分子从吸附层加速进入气相后，露出了金属铁的新鲜表面，为 CO 分子继续在铁的表面进行吸附及合成反应创造了条件。

3.3　五羰基铁络合物合成中需要控制的关键技术[3,4]

综上所述，我们可以明显地看到：合成五羰基铁络合物的主要影响因素有如下几个方面。

3.3.1　对于参加合成反应原料的自身要求

被还原的铁原料应具有活性及分散度，一氧化碳气体具有一定的活度的同时还要有一定的纯度。

五羰基铁络合物的合成是利用原料中的铁与一氧化碳气体进行合成反应。所以，原料的成分、铁纯度、活性等直接影响五羰基铁络合物的合成反应速度。目前，羰基法精炼铁工艺中使用的含铁原料主要有：铁矿、隧道窑还原的铁鳞等。

（1）原料中金属铁的活性。经过还原处理的含铁原料，裸露出了既纯洁又新鲜的铁的表面。既新鲜又纯洁的铁表面具有高度活性，能够强烈地吸附一氧化碳气体，为五羰基铁络合物合成的第一步物理吸附创造了条件。

（2）活性金属铁具有高度发达的表面积。活性金属铁的比表面积越大，则暴露在表面上的活性铁原子就越多；同时单位面积表面的活性铁吸附一氧化碳气体的数量越多。一氧化碳气体在铁表面上的物理吸附数量的增加，可以加速五羰基铁络合物的合成速度。

（3）含铁原料应该具有高度的分散度。在羰基法精炼铁的工艺中，经过焙烧还原的海绵铁，铁原料粒度一般控制在 60 目（25.4mm）。原料不但要求粒度小，分散度高，而且流动性及透气性好。这样，非常有利于一氧化碳气体渗透到每一个粉末颗粒四周。

（4）原料中含有一定的硫。实验已经证明：硫和硫化物是加速五羰基铁络合物合成反应的催化剂；具有颗粒状的铁含有硫和硫化物，是一氧化碳气体进入铁合金内部的通道；同时也是五羰基铁络合物气体向铁合金外逸出的通道。在铁合金中具有一定的硫含量，能够加速五羰基铁络合物合成反应。

（5）一氧化碳气体成分。一氧化碳气体的制造方法很多，用于羰基法精炼铁工艺中一氧化碳气体，大多数采用焦炭法生产一氧化碳气体。该法不但具有成本低、产量大的特点，而且气体中含有硫化物催化五羰基铁络合物合成反应速度。一氧化碳气体中必须严格地控制氧气和二氧化碳气体含量。一氧化碳气体的技术指标列在表 3-5 中。

表 3-5　CO 气体的技术指标

化学成分/%		
CO	O_2	CO_2
>92	<1	<1

（6）一氧化碳气体加热。参加合成反应的一氧化碳需要预先加热，加热温度为 150~180℃，然后按着设定的流量输入到反应釜中。加热的目的是提高一氧化碳气体的活度，加速 CO 气体的物理吸附和化学吸附。

3.3.2　合成反应系统的环境要求

一氧化碳气体具有一定压力，在一定压力下严格地控制高压釜内部温度上限，掌握好温度与压力匹配的最佳点。

（1）高压反应釜系统内部温度控制。在 CO 气体压力控制为 20~25MPa 时，五羰基铁络合物的合成速度随着温度升高而增高；CO 在金属铁的表面上进行物理吸附和化学吸附的速度随着温度的升高而增高。但是，当温度达到 225~250℃ 时，五羰基铁络合物合成速度就开始重新转折，五羰基铁络合物合成速度就急剧下滑。此时，由于反应釜内处在高温条件下，生成的五羰基铁络合物开始进行分解反应［$Fe(CO)_5 \rightarrow Fe+5CO$］，从而产生新生态超细的纳米金属铁粉末。CO 气体在新生态超细金属铁的催化作用下，使得大量的 CO 气体瞬间被强烈地破坏，CO 气体迅速地分解成 CO_2 和炭黑［$2CO \rightarrow CO_2+C$］。不但会使得 CO 气体浓度下降，而且还有超细的炭黑吸附在铁的表面上，阻止 CO 的物理吸附，致使五羰基铁络合物合成速度逐渐缓慢甚至停止。

（2）CO 气体循环速度。由于五羰基铁络合物合成反应条件及反应容器的不同，有的采用中压法及高压法，有的是固定反应釜、转动合成釜和摆动釜。另外，还要依据含铁原料、一氧化碳气体质量及催化剂的参加，采取各种措施加速五羰基铁络合物的合成速度。在合成反应参数设定极佳的条件下，设定 CO 气体在反应系统内循环速度有利于加速合成反应的速度。其作用是及时将产物移出反应釜的同时也补充新鲜的 CO 气体。根据实验室的数据给出 CO 气体的循环速度为 3~5 次/h。

（3）CO 分压的影响。CO 的浓度是由它的分压来决定的，CO 的分压越高则五羰基铁络合物合成反应速度越快；另外，提高 CO 的分压还可以增加五羰基铁络合物的稳定性，阻止五羰基铁络合物的分解反应；提高 CO 的分压会降低系统中五羰基铁络合物的浓度，可以促使合成反应向右进行。五羰基铁络合物蒸气，从反应釜排出经过冷凝系统后变成液体，在产物排出时不应该降低反应釜中的压力，如果反应釜中的压力过于低时，会有大量的五羰基铁络合物分解为金属铁和CO，该分解过程会引起一系列不利于五羰基铁络合物合成的反应。

（4）五羰基铁络合物在CO气体中含量。在反应容器系统中，五羰基铁络合物气体的含量为5%~8%（体积分数）。如果在反应容器系统中五羰基铁络合物气体含量过高，则五羰基铁络合物合成反应速度会降低。

（5）五羰基铁络合物合成过程中负反应的影响。具有高度分散的粉末状态的金属铁，在室温条件下就能够吸收CO，形成五羰基铁络合物［$Fe+5CO \rightleftharpoons Fe(CO)_5$］。当系统温度>180℃时，形成五羰基铁络合物的反应就停止了，随后进行逆反应［$Fe(CO)_5 \rightarrow Fe+5CO$］，刚刚获得五羰基铁络合物又被破坏掉；在温度高达270℃时，CO与金属铁发生反应，生成FeO及Fe_3C。研究者发现：在反应釜内，当一氧化碳气体压力<0.5~1.0MPa，而温度>200℃时负反应进行得非常激烈。

（6）五羰基铁络合物气体的冷凝及缓慢降低压力。经过冷凝的五羰基铁络合物液体，在CO、N_2、CO_2等混合气体的压力下保存，这些气体在五羰基铁络合物液体中的溶解度与它们的分压有关。当系统的压力迅速降低时，溶解在液体中的气体会逸出，使得五羰基铁络合物液体似沸腾状态，逸出的气体会带出雾滴，这些雾滴似雾一样散布在系统的空间。因此，在高压合成五羰基铁络合物的工艺流程中，一定要设计三段降压分离器，使得溶解在五羰基铁络合物液体中的CO气体，缓慢地逸出，避免气体带走五羰基铁络合物而降低收得率。

（7）反应釜内动态物料的相互作用。在反应釜内部固体含铁原料、一氧化碳气体及产物五羰基铁络合物，均处在运动状态情况下，会加速五羰基铁络合物的合成反应。反应釜内部原料的动态作用会产生如下的积极效果：气体原料与固体原料充分地接触；增加一氧化碳气体在铁表面的吸附机会；为五羰基铁络合物分子逸出铁表面进入气相提供动力。反应釜内动态物料的相互作用，会促进合成反应加速。

（8）反应釜产物的及时排出。将反应釜内生成的五羰基铁络合物及时地从反应釜排出，降低反应釜内部五羰基铁络合物的分压，可以提高五羰基铁络合物合成反应的速度。为了达到此目的，必须加速反应釜内换气速度，增加补充一氧化碳气体循环量。

3.3.3 合成反应系统中添加物

质量作用定律确定了五羰基铁络合物合成反应的进行方向。这个多相反应与参加反应物质的活性具有特殊的关系。原料中含有这些物质会使得五羰基铁络合物反应具有很大的破坏作用，导致合成反应速度下降。但是原料中存在少量的硫、硫化物、甲醇及木精蒸气可以作为催化五羰基铁络合物合成过程的添加剂，加速五羰基铁络合物的合成反应。原料存在少量的硫、硫化物不仅能够消除金属铁表面的氧化层，而且还阻止 CO 气体分解产生 CO_2 和炭黑，加速形成五羰基铁络合物合成反应的添加物，添加催化剂加速合成反应速度。在合成反应器中加入氨气、硫化氢、硫、甲醇蒸汽、甲醛、硫化物，对形成羰基反应是有利的。

阻止剂如：碳酸和氧，使得形成五羰基铁络合物的反应停止。在金属铁的表面存在氧化层或者气相中存在氧气及易熔金属铅、锌、锡、铋及硅酸盐，它们是五羰基铁络合物合成反应的抑制剂。

在选择加速合成反应添加剂时，首先考虑到安全方便。目前，应用最多的是硫化氢气体。

3.3.4　吸附及脱附

科学家通过长期的探索五羰基铁络合物合成方法，总结出对合成反应影响的种种因素。同时，也使得研究者更深入地发现：一氧化碳气体的吸附及产物的脱附作用。一氧化碳气体在活性铁表面进行的物理吸附转化到化学吸附，才是五羰基铁络合物合成反应进行的本质。但是控制五羰基铁络合物合成反应速度的关键，则是五羰基铁络合物在铁表面上的脱附速度。只有充分地认识五羰基铁络合物的合成本质和控制合成反应速度的关键，才能够合理的设计五羰基铁络合物的控制参数。

3.4　五羰基铁络合物的合成

3.4.1　科学实验结果给出的合成最佳条件

在一定的温度及压力下，具有活性海绵铁与具有一定活化能的一氧化碳气体才能够进行合成反应，生成五羰基铁络合物 $\{Fe(CO)_5\}$。其化学反应方程式为：

$$Fe + 5CO \xrightarrow[180\sim200℃]{20\sim22MPa} Fe(CO)_5 + 44.0kcal/mol$$

参加合成五羰基铁络合物反应组分的化学亲和力的大小，由生成五羰基铁络合物的自由能变化量来表示。科学实验结果指出：在一定温度及压力范围内，当生成一摩尔 $Fe(CO)_5$ 时，自由能变化 ΔF 表示在图 3-1 中。图 3-1 给出了 $Fe(CO)_5$生成反应的自由能与压力和温度的关系，从图中可以看出，随着压力的增加，曲线移向左下方，即反应的自由能减少趋势增大。五羰基铁络合物合成反应进行得更加完全。但是，在压力恒定在某一值时，自由能变化 ΔF 随着温度增加呈现倒抛物线关系，拐点在180~220℃。图3-2给出了一氧化碳气体压力为10~20MPa，温度为100~300℃范围内，$Fe(CO)_5$的生成量与温度的关系。从图中可以看出，五羰基铁络合物生成的最佳条件是：一氧化碳气体压力为20MPa；反应釜内部温度为200℃。在100~200℃时，随着温度上升，五羰基铁络合物的合成反应速度增加。而增加压力可以防止合成反应的逆过程。当温度大于200℃时，由于五羰基铁络合物分解而析出活性铁的催化作用下，使得部分一氧化碳气体被破坏，即$CO \rightarrow CO_2+C$，析出炭黑沉积在铁的表面，使得五羰基铁络合物合成反应速度下降。

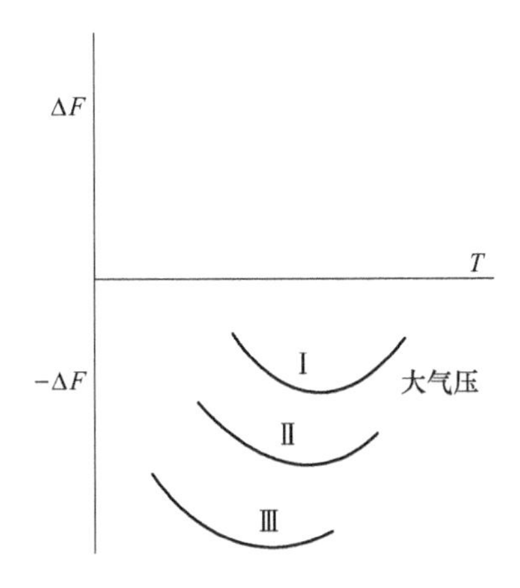

图3-1 Fe（CO）$_5$生成反应的自由能与压力的关系

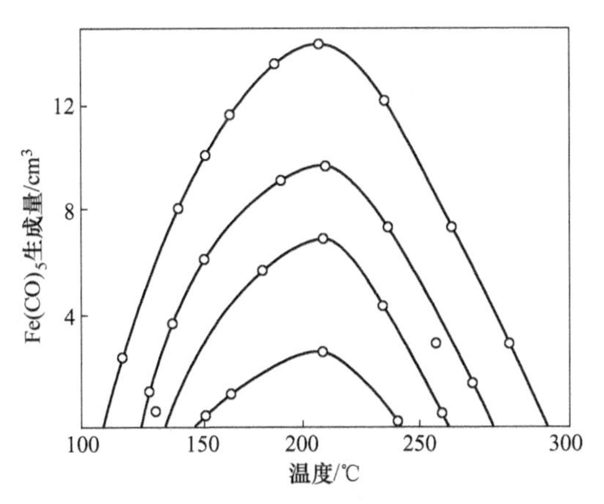

图3-2 $Fe(CO)_5$的生成量与温度的关系

（20MPa，温度为100~300℃范围内，$Fe(CO)_5$的生成量与温度的关系）

通过上述可以明确地指出：高压、高温是高速度获得五羰基铁络合物的最佳选择，在此条件下五羰基铁络合物最稳定，收得率提高。这是工业大规模生产所追求的高速度及高效率。

3.4.2　五羰基铁络合物合成工艺流程

合成五羰基铁络合物是利用工业纯 CO 处理含铁的原料。合成的压力：10~20MPa，温度：180~200℃下，在五羰基铁络合物合成过程中，自然的就除去 S、P、Si 等杂质。因为这些物质在该条件下不能够形成羰基物，所以五羰基铁络合物粉末是很纯的。

大规模工业化合成五羰基铁络合物的工艺流程如图 3-3 所示。羰基法精炼铁的完整工艺流程，既有合成工艺又有热分解工艺。一幅完整的羰基法精炼铁的工艺流程图如图 3-4 所示。

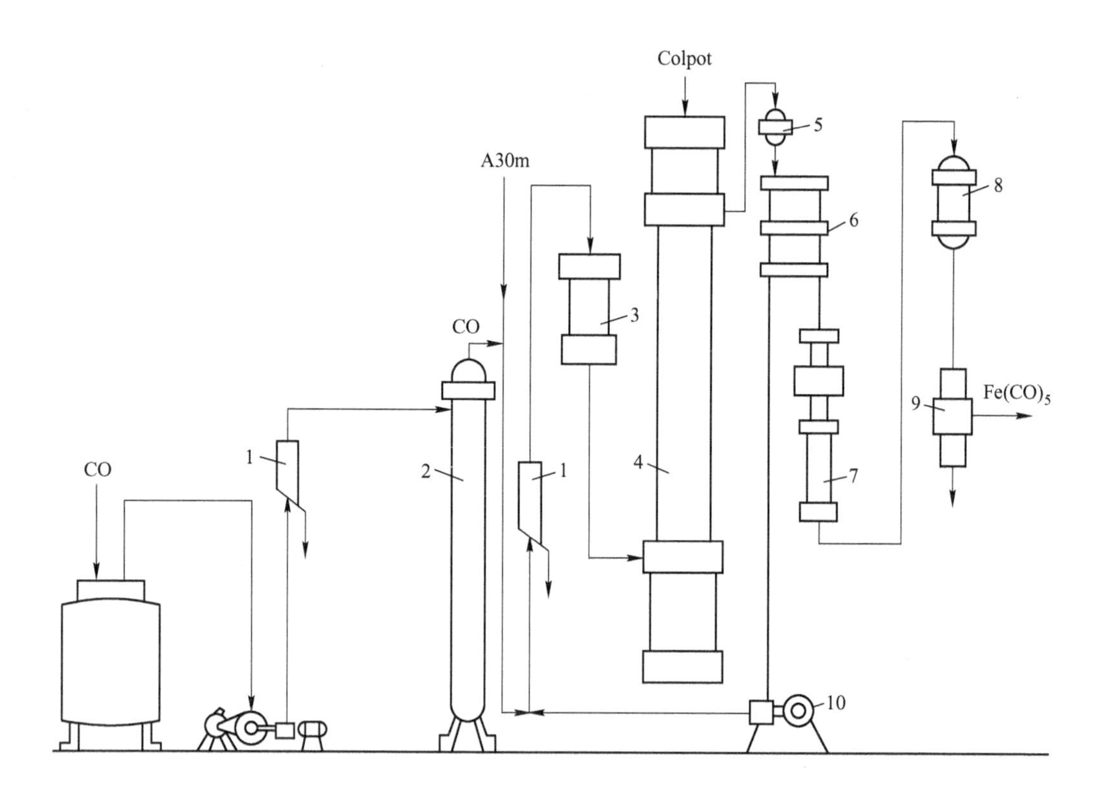

图 3-3　五羰基铁络合物的合成工艺流程

1—气-油分离器；2—CO 高压贮罐；3—CO 加热器；4—合成釜；5、9—过滤器；6—冷凝器；7—分离器；8—收集器；10—循环泵

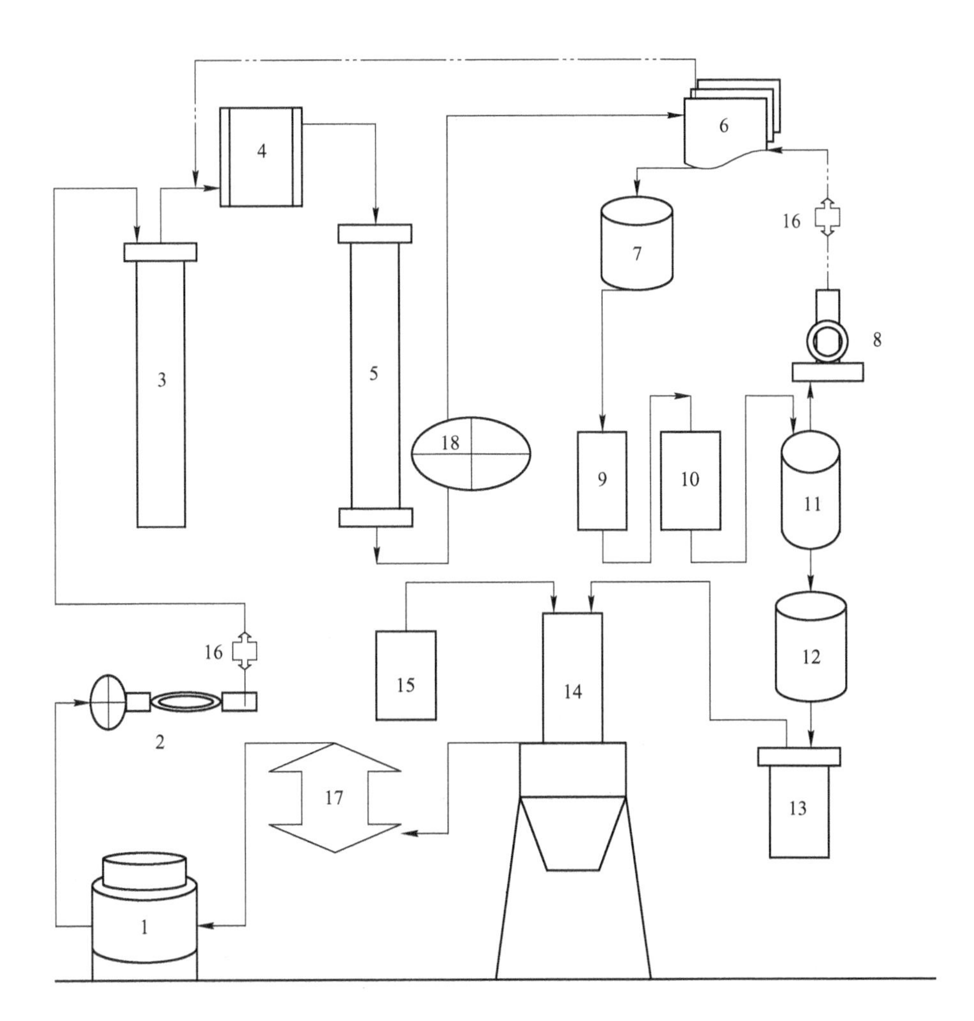

图 3-4　羰基法精炼铁的工艺流程图

1——一氧化碳贮气罐；2—压缩机；3—高压贮气罐；4—预热器；5—高压釜；6—热交换器；7—冷却器；8—循环压机；9—高压分离器；10—中压分离器；11—低压分离器；12—高位槽；13—蒸发；14—热解炉；15—氨气罐；16—油-气分离；17—吸收塔；18—过滤器

3.5　工业化合成五羰基铁络合物[1~3]

3.5.1　工业化合成五羰基铁络合物的方法

目前，工业化合成五羰基铁络合物的方法有：高压合成法和中压合成法。高压合成法中采用一氧化碳气体压力：20~25MPa，温度：120~220℃；中压合成法一氧化碳气体压力：8~10MPa，温度：120~180℃。

3.5.2　原料及要求

工业化生产五羰基铁络合物的原料是：含有铁的原材料和一氧化碳气体。为了加速五羰基铁络合物合成反应速度常常加入催化剂，如含有硫化物铁矿。

3.5.2.1　含铁原料

工业化生产五羰基铁络合物的原料有多种，如海绵铁、经还原的氧化铁磷、铁粉末及天然黄铁矿等，均可以作为合成五羰基铁络合物的原料。根据原料的性能，供应情况及经济效果综合考虑，工业化生产五羰基铁络合物生产线应该选择活性好的海绵铁为原料。海绵铁的技术性能见表 3-6。

表 3-6　海绵铁的技术指标

名称	化学成分/%							
海绵铁	Fe	Si	Mn	P	C	S	盐酸不溶物	氢损
	≥97	≤0.15	≤0.4	≤0.02	≤0.3	≤0.03	≤0.4	≤12

海绵铁密度：2.0~2.2g/cm^3，海绵铁粒度：15~20mm。

海绵铁堆积密度是计算装料的参数，由于各个厂破碎的块度不同，所以应该到现场实际测量海绵铁堆积密度。

含铁原料必须经过还原处理获得活性。这是合成五羰基铁络合物的充分且必要的条件。其次是原料的分散度及空隙度。

3.5.2.2　一氧化碳气体

合成五羰基铁络合物的一氧化碳气体，是利用氧气燃烧低硫焦炭制成的。其氧化还原反应如下：

$$C + O_2 = CO_2 \qquad CO_2 + C = 2CO$$

也可以利用磷厂的废煤气，它的反应能力与纯一氧化碳几乎无区别，其成分为 CO：80%，H_2：0.5%，CO_2：18%，N_2：1%。

工业煤气也能够使用，其成分为 CO：77.3%，H_2：10.5%，CO_2：6%，N_2：5.4%，CH_4：0.8%。一氧化碳的质量将直接影响五羰基铁络合物的合成速度，尤其是氧。当氧含量超过一定量时，五羰基铁络合物合成率及合成速度都迅速下降。为此，要严格控制一氧化碳气体中的氧含量。一氧化碳技术指标见表 3-7。

表 3-7　一氧化碳技术要求

名称	化学成分/%			
一氧化碳	CO	O	H_2O	CO_2
	96~98	0.3~0.5	0.1~0.5	0.2~0.3

一氧化碳气体被加热到180~220℃后进入合成反应釜，会加速五羰基铁络合物的合成反应速度。因为只有具有一定活化能的一氧化碳气体分子，才能够在活性铁表面进行物理吸附。按着五羰基铁络合物生成的整个循环工艺流程，CO气体可以循环使用。

3.5.3 高压循环法合成五羰基铁络合物

工业化合成五羰基铁络合物的工艺流程中，采用一氧化碳气体高压循环。高压循环路径是一氧化碳从反应釜顶进入，从反应釜底部排出。从高压合成釜排放出来的混合气体中，一氧化碳气体携带五羰基铁络合物，经过高压分离器、中压分离器及低压分离器冷凝后，五羰基铁络合物由气体变成液体，与一氧化碳气体分离。未参加合成反应的一氧化碳气体从低压分离器出来后，由循环压缩机加压，经过热交换器及预热器后再进入高压釜。在动态合成过程中，不断地将生成的五羰基铁络合物从反应釜移出，有利于合成五羰基铁络合物反应加速进行。一氧化碳气体高压循环可以阻止逆反应发生，防止高压釜内壁涂层。一氧化碳气体循环使用可以大大地降低成本。

钢铁研究总院羰基化实验室合成五羰基铁络合物的过程中，高压釜的底部有一定量的液态五羰基铁络合物。因此，釜底部放料可以把已经液化的五羰基铁络合物液体直接回收。

3.5.4 热分解尾气处理后回收

五羰基铁络合物在热分解器中分解后，释放出一氧化碳气体。经过过滤后全部回收。

3.5.5 合成五羰基铁络合物的技术参数及设计技术

3.5.5.1 合成五羰基铁络合物的技术参数

合成五羰基铁络合物的技术参数如下：

（1）合成压力：20~22MPa；

（2）合成温度：180~200℃；

（3）循环次数：5~7次/h；

（4）合成周期：60h（装料，冲洗，出渣）。

每一釜含铁原料的五羰基铁络合物合成率≥75%；加料和卸料时间：4h；合成反应釜系统冲洗消毒时间：8h；合成五羰基铁络合物的反应时间：48h；每一釜的合成周期：60h。

3.5.5.2 合成五羰基铁络合物时 CO 的消耗量

（1）五羰基铁络合物合成消耗 CO 的理论量。

$$Fe + 5CO = Fe(CO)_5$$

$$55.8\text{kg} \quad 5 \times 22.4\text{m}^3$$

$$1 \quad X$$

$$X = 5 \times 22.4\text{m}^3 / 55.8\text{kg} = 2.00\text{m}^3$$

每 1kg 铁合成五羰基铁络合物所需要的 CO 气体为 2.0m³（标态）。

（2）每 1kg 铁合成五羰基铁络合物实际消耗 CO 的量。在五羰基铁络合物生产的 CO 实际消耗量要大于理论消耗量，因为生产过程中使用的 CO 气体含有一定组分的杂质气体；当反应过程中五羰基铁络合物液体在系统中出现的时候，高压循环系统中的 CO 会部分溶解到五羰基铁络合物的液体中；当五羰基铁络合物合成的系统中生产逆反应时，在新生产的铁的催化作用下 $CO \rightarrow CO_2 + C$，又要消耗一部分 CO；放料的操作过程中也会跑掉少量的 CO 气体。根据实际使用结果：每 1kg 铁合成五羰基铁络合物实际消耗 2.5m³左右的 CO 气体。

3.5.6 合成残渣的物性及处理方法

五羰基铁络合物的合成原料为海绵铁，经过合成后的残渣，呈疏松状态，残渣量为原料量的 30%～40%，经过消毒后可以返回铁粉末厂。

五羰基铁络合物液体在避光、通风处储存。

3.5.7 主要非标准设备设计技术条件

合成五羰基铁络合物工艺流程中的设备名称、技术条件及备注见表 3-8。

表 3-8 主要非标准设备设计技术条件

序号	设备名称	技术条件			备注
		工作压力/MPa	工作温度/℃	介质	
1	CO 贮气柜	0.3	≤40	CO 气	有毒、易燃、易爆
2	CO 高压贮气罐	25	≤40	CO 气	有毒、易燃、易爆，安全阀
3	高压合成釜（固定）	20～25	200～180	$Fe(CO)_5$ 气、液，CO 气	有毒、易燃、易爆，安全阀
4	高压分离器	20	20～30	$Fe(CO)_5$ 液，CO 气	有毒、易燃、易爆，液位计，安全阀

续表 3-8

序号	设备名称	技术条件			备注
		工作压力/MPa	工作温度/℃	介质	
5	中压分离器	3~5	水冷却	$Fe(CO)_5$ 液，CO 气	液位计
6	低压分离器	1.5	水冷却	$Fe(CO)_5$ 液，少量 CO 气	液位计
7	五羰基铁络合物贮罐	0.1~0.3	水冷却	$Fe(CO)_5$ 液	液位计
8	冷却器（管内）	22	180~200	$Fe(CO)_5$ 和 CO 混合体	
9	高位槽	0.5	水冷却	$Fe(CO)_5$ 液	液位计

3.6 五羰基铁络合物合成与贮存工序的操作[5,6]

3.6.1 五羰基铁络合物合成的准备

（1）原料的准备。

1）海绵铁：海绵铁按照技术指标要求备料。

2）CO 气体：CO 按照技术指标要求备料。

3）N_2：N_2 是为了冲洗合成系统中的空气及五羰基铁络合物残留物。氮气的要求为普通氮气。

（2）隔膜压缩机准备。按着五羰基铁络合物合成的工艺要求，调整好用作循环的隔膜压缩机进、出口压力。

（3）反应釜升温的准备。

（4）一氧化碳气体预热的准备。

3.6.2 高压反应釜加料、封釜、检漏及气体置换

3.6.2.1 加料及封釜

将海绵铁称量后装在料桶中，料桶衬好铜丝网，以防止细颗粒海绵铁颗粒进入管道中造成阀门堵塞。料及料桶的总容积不要大于反应釜容积的 80%。紧固上法兰螺栓，要按照对角线规则，各个螺栓用力均匀，确保高压反应釜的密封。

3.6.2.2 检漏及检漏氮气的引入和排放

（1）检漏。用 0.5MPa 的氮气置换反应釜内的空气 3~5 次。然后用 5MPa 的

氮气试漏，利用肥皂水检漏。如果高压釜密封性合格，从放空阀放掉高压釜内的氮气，准备五羰基铁络合物的合成。

（2）合成系统的气体置换。五羰基铁络合物合成系统在第一次投料使用时，要用氮气进行全面气体置换。从氮气汇流排→CO 预热器→合成釜→冷凝器→高压分离器→3MPa 分离器→1.5MPa 分离器→五羰基铁络合物贮罐→尾气贮罐→燃烧炉。其目的是将残留在系统中的空气冲洗干净。若是合成系统已经工作一段时间，再继续合成时，则只是置换反应釜系统。

（3）反应釜系统的气体置换。高压釜密封性合格后，放掉高压釜内的氮气，用 0.5MPa 的 CO 气置换反应釜内的氮气 3 次，然后存入 10~15MPa 的 CO 气体，开始升温（高压釜壁式加温和 CO 气体预热），准备五羰基铁络合物的合成。

3.6.3　五羰基铁络合物合成的具体操作

3.6.3.1　加温及向反应釜加入 CO 气体

当加热器将釜内海绵铁原料加热到 150~190℃时，缓慢向合成釜加 CO 气体。当反应釜的压力达到 15~20MPa 时，记录釜内温度和压力。

3.6.3.2　五羰基铁络合物合成反应开始的判断

五羰基铁络合物合成反应开始时的表现是釜内压力明显下降，温度明显上升。五羰基铁络合物合成初期，反应进行得非常激烈，釜内温度上升迅速，此时切忌出现高温，低压现象。尽量减少由于五羰基铁络合物合成过程中产生的负反应 $Fe(CO)_5 \rightarrow Fe+5CO$，所引发的不利于五羰基铁络合物合成的过程。此时，应该加速一氧化碳气体循环量，使得高压反应釜内部温度迅速降到操作规程规定的数值以下。

3.6.3.3　五羰基铁络合物合成过程中的温度及压力控制

五羰基铁络合物合成反应过程中，釜内物料温度控制不高于 200℃，压力控制在 18~20MPa 之间。反应釜内温度的调整可以通过改变加热器的温度设定值及气体循环流量来实现。在五羰基铁络合物合成高峰期，要勤加压补充 CO 与勤放料，加速循环。保持快速反应的温度及压力在近临界值下运行。

3.6.3.4　CO 气体的循环

五羰基铁络合物合成的工艺是采用高压 CO 循环法，其目的是提高五羰基铁络合物合成反应的速度。隔膜压缩机进、出口的压力要根据工艺条件及隔膜压缩机性能来确定。

在启动隔膜压缩机之前，首先将高压反应釜通往冷凝器的阀门开启一个小缝隙，观察高压分离器的压力缓慢上升至 2~3MPa 时，可以开动隔膜压缩机进行气体循环。当高压分离器中积存有一定量液体五羰基铁络合物时，应该将高压分离器中的五羰基铁络合物液体逐步地放入 3MPa 分离器及 1.5MPa 分离器中。通过降压后，使得溶解在五羰基铁络合物液体中的 CO 充分逸出，最后将五羰基铁络合物液体全部贮存在低压贮罐中。

CO 气体循环速度要按照合成的工艺条件而定，一般控制在 6~8 次/h。

注意：在隔膜压缩机工作中，隔膜压缩机入口系统中不得出现负压状态，以防引发事故。

3.6.3.5 反应过程的放料

五羰基铁络合物合成过程中，要及时地将反应釜内的五羰基铁络合物从反应釜内放出，冷凝成液体的五羰基铁络合物，通过三段压力降后，缓慢地放入贮罐中。

3.6.3.6 放料中几点注意事项

(1) 放料速度控制。五羰基铁络合物液体的排放过程一定缓慢。

(2) 严防容器压力超标。五羰基铁络合物排放过程中，一定要观察系统中的每一个容器的压力显示。如果某一段的压力超过时，一定要通过尾气系统进行排放。

(3) 液体五羰基铁络合物的贮存。五羰基铁络合物合成反应停止后，高压分离器、3MPa 分离器、1.5MPa 分离器中的液体羰基物，全部输送到低压贮罐中，以上各容器不存放五羰基铁络合物液体。贮存羰基物液体的低压贮罐中必须带有 0.05MPa 压力的 CO 气体。

3.6.3.7 五羰基铁络合物合成反应的结束

(1) 五羰基铁络合物合成反应终止的判断。五羰基铁络合物的合成高潮已过时，合成反应的速度逐渐缓慢。当反应釜中 CO 气体压力持续 30~60min 不变，且反应釜内的温度不断地下降时，说明五羰基铁络合物合成反应已经停止。

(2) 结束五羰基铁络合物合成反应的操作。首先，停止 CO 加热器的电源，切断 CO 供应。此时隔膜压缩机继续循环 30~40min，将残留在反应系统中的五羰基铁络合物全部冷凝下来后，停止隔膜压缩机。排放残留在高压分离器、3MPa 分离器、1.5MPa 分离器中的液体羰基物，全部输送到低压贮罐中，准备冲洗和出渣。

3.6.3.8　氮气冲洗

当五羰基铁络合物合成反应结束后，要立刻用 N_2 进行冲洗残留在系统中的五羰基铁络合物。如果系统在正常情况下，只冲洗反应釜系统；当系统需要检修时，冲洗五羰基铁络合物合成整个系统。冲洗时的气体必须通过尾气燃烧后排放。

(1) 反应釜系统的冲洗。从汇流排引入 N_2 气——→从反应釜底部进入——→从反应釜上部放空阀门出——→尾气燃烧炉。

(2) 冲洗过程中的几点注意事项。冲洗时利用釜内余热，可以加速冲洗。开始冲洗时一定要缓慢，总的冲洗时间为6~8h。

3.6.4　开釜出残渣

反应釜冲洗完毕后，取出釜内料桶并称重。开釜出残渣时，工作人员必须佩戴送风式呼吸面罩。

3.6.5　五羰基铁络合物液体的贮存

3.6.5.1　贮存

五羰基铁络合物液体一定要贮存在低压贮罐中。

3.6.5.2　五羰基铁络合物贮存的条件

五羰基铁络合物，一定在带有CO压力的条件下贮存，CO的压力一般维持在0.05MPa。贮存羰基物液体的低压贮罐放置在蓄水池中。

3.7　安全环保

五羰基铁络合物生产过程中产生有毒、易燃、易爆物质，对操作人员身体健康有影响，为此要求整个流程中的每一个设备要按照操作规程要求达到设计要求。不得有泄漏。

在开工之前，一定要检查确保通风系统正常运转无误；个人防护设备齐全。

排放到大气中的尾气，一定要经过燃烧炉燃烧后排放。

3.8　一氧化碳气体的制取

3.8.1　甲酸热分解法制备一氧化碳气体[3]

3.8.1.1　甲酸热分解的条件

甲酸热分解制备一氧化碳的反应式如下：

$$HCOOH \longrightarrow H_2O + CO$$

甲酸热分解反应是在一定的温度下进行，反应所生成的水，被浓硫酸吸收。甲酸热分解反应的最佳温度为100~140℃，当反应的温度大于160℃时，有甲酸分解反应的一部分变为：$HCOOH \rightarrow H_2O+CO_2$，不利于一氧化碳的生成。

3.8.1.2 甲酸热分解法制备一氧化碳气体的工艺流程

图3-5给出了甲酸热分解法制备一氧化碳气体的工艺流程。采用油浴加热反应器。热分解器中预先加入工业硫酸。待热分解器达到所需要的温度后，甲酸从计量瓶3中滴入反应器4中，反应分解出来的水直接被硫酸吸收。而生成的CO气体经过缓冲瓶11和水封瓶后进入贮气罐13。所制取的一氧化碳气体，经过分析仅有0.1%~0.3%的二氧化碳气体。甲酸热分解法虽然制备的一氧化碳气体纯度非常高，工艺流程也非常简单，但是成本太高只能应用于实验室少量制取。

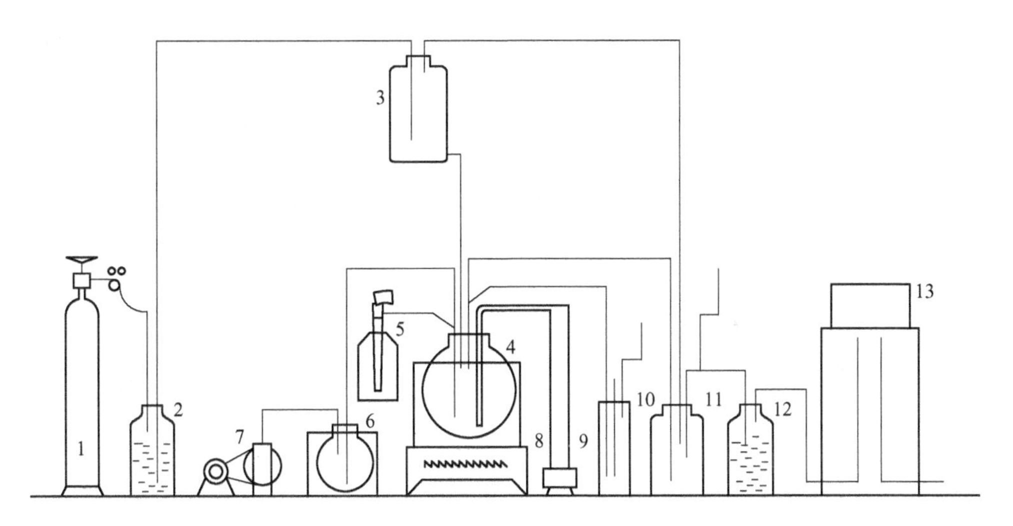

图3-5 甲酸法一氧化碳气体发生流程图

1—氮气瓶；2—甲酸贮存器；3—甲酸高位贮存槽；4—甲酸热分解器；5—硫酸贮存器；6—吸取废酸器；7—抽气泵；8—电热板；9—温度计；10—防暴瓶；11—缓冲瓶；12—碱洗瓶；13—CO贮罐

3.8.2 木炭电弧炉法制备一氧化碳气体[3]

木炭电弧炉法制备一氧化碳气体。在电弧炉内，当二氧化碳气体通过灼热的木炭时，二氧化碳气体被木炭中的碳还原为一氧化碳气体。反应式为：

$$CO_2 + C \rightleftharpoons 2CO - 41kcal/mol$$

利用电弧炉使得炉内的木炭之间产生电弧，将木炭加热到900~1000℃之间。当二氧化碳气体通过被加热的木炭时，二氧化碳气体被还原为一氧化碳气体。该法具有温度稳定、二氧化碳气体的转化率比较稳定、工艺简单、成本低、操作方便等优点。

3.8.2.1 木炭电弧炉法制备一氧化碳气体工艺流程

图 3-6 给出了木炭电弧炉法工艺流程图。CO 气体发生系统工艺流程为：CO_2 气体汇流排→CO_2 贮气罐→流量计→电弧炉→冷却器→除尘器→水洗塔→碱洗塔→气液分离器→分析仪→湿式气柜。

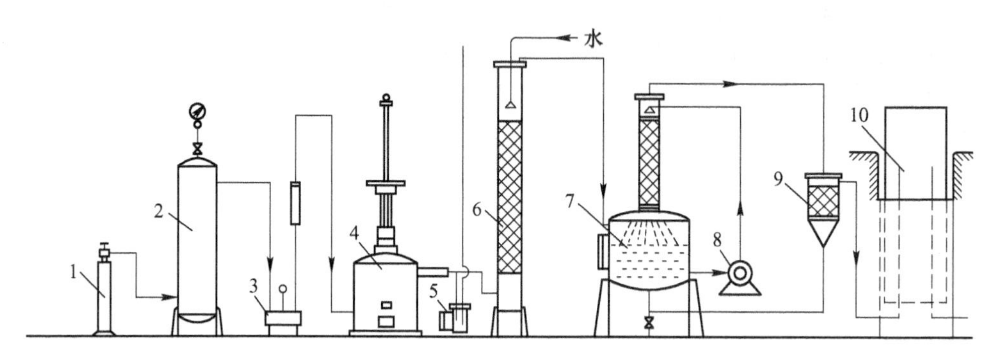

图 3-6 电弧炉法制备 CO 气体

1—CO_2 气体；2—CO_2 气罐；3—水环泵；4—电弧炉；5—放空；6—水洗塔；7—碱洗塔；8—循环碱泵；9—气-液分离器；10—CO 贮气罐

3.8.2.2 电弧炉

电弧炉的示意图如图 3-7 所示。

3.8.3 焦炭富氧造气法制备一氧化碳气体

以焦炭、氧气为原料，经燃烧反应生成一氧化碳。由发生炉产出的粗煤气，经过水洗涤、电除尘、脱硫、压缩、转化脱硫、变压吸附脱碳、脱氧干燥等步骤，生产高浓度的一氧化碳产品气。主要化学反应式为：

$$C + O_2 \longrightarrow CO_2 + 394.4\text{kJ/mol} \qquad \text{氧气充足}$$

$$C + CO_2 \longrightarrow 2CO - 168.5\text{kJ/mol} \qquad \text{高温反应}$$

羰基法精炼镍的大规模工业化生产流程中，采用焦炭纯氧法制取一氧化碳气体。该方法不但产量大，而且价格便宜，要求焦炭中固定炭含量大于 85%；纯氧气体采用深度冷却空分法制取，氧气纯度大于 99.6%。原料焦炭经防爆电动葫芦送至一氧化碳发生炉。焦炭装入造气炉中，使焦炭燃烧生成二氧化碳。当二氧化碳上升时遇到上层红热的焦炭层而还原为一氧化碳。通入氧气燃烧后，得到一氧

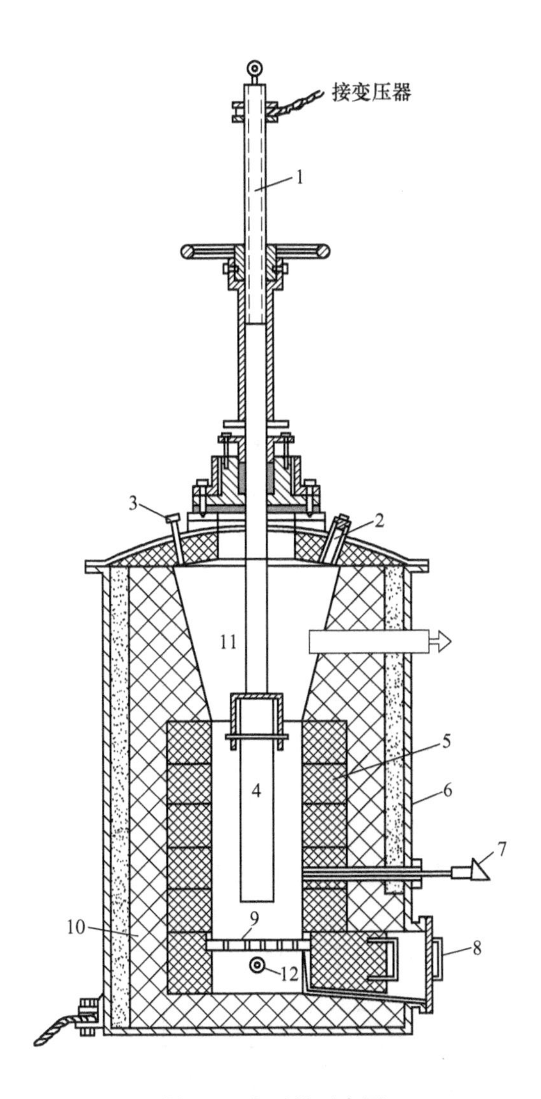

图 3-7　电弧炉示意图

1—上电极移动杆；2—装木炭口；3—测量炉膛压力口；4—石墨电极；5—镁砖耐火材料；6—金属炉壳；7—铂-铑热电偶；8—炉门；9—下电极；10—耐火材料保温层；11—炉膛；12—二氧化碳气体入口

化碳含量在 90%以上的粗煤气。一氧化碳经水洗塔水洗除尘后、再通过静电除焦油、脱硫、脱氧后，由压缩机送入湿式气柜。经过水洗除尘的气体将被压机加压到 1.3MPa 进行变压吸附，脱除二氧化碳、甲烷、氮气等杂质，得到纯度 99%以上的一氧化碳气体。采用此工艺制取的一氧化碳气体纯度高，为羰基镍络合物合成提供了有力保证。

3.8.3.1　工艺流程简述

（1）造气：以焦炭为原料、纯氧为气化剂在 CO 煤气发生炉中逆流接触，发生气化反应，煤气经旋风电除尘器初步除尘、废热锅炉回收显热并副产低压蒸汽，最后经洗涤塔水洗涤冷却后送入气柜缓冲（初步脱硫）。

（2）压缩脱硫：气柜出口煤气经分水后由鼓风机增压至约 6000mm H_2O，在水解器中水解催化剂作用下将大部分硫氧碳水解成硫化氢，然后进入脱硫罐，脱硫后的原料气进行分水后压缩到 0.6MPa。

（3）PSA 分离：压缩气体在 PSA 塔中进行吸附分离，弱吸附组分一氧化碳则通过床层作为半产品连续稳定输出。

（4）脱氧干燥：半成品一氧化碳气进入脱氧加热器加热后进入脱氧器，在脱氧器中，气体中含有的微量氧在催化剂作用下生成水，经一氧化碳冷却器冷却、预分离器分离后进入等压干燥系统除去水分，合格的一氧化碳气送至界外。

3.8.3.2　焦炭纯氧氧化造气制一氧化碳技术特点

（1）采用焦炭和纯氧进行氧化及还原连续反应，气化工艺制取 CO 煤气。单炉产气量大，煤气中 CO 含量高，灰渣残碳量低。

（2）采用湿式电除尘器，除尘效率高达 98%以上，可以完全自动控制。

3.8.3.3　工艺流程

焦炭-氧气法制取一氧化碳的工艺流程如图 3-8 所示。

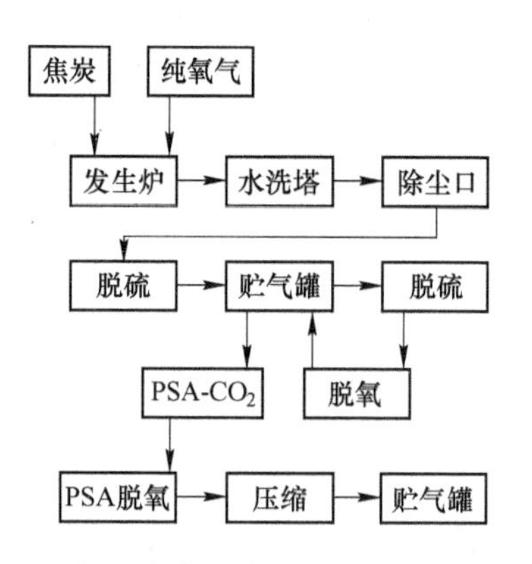

图 3-8　焦炭-氧气法制取一氧化碳工艺流程

3.8.4　石油焦氧化还原反应制备一氧化碳

石油焦通过密封的加料罐，加入煤气发生器里。密封罐有两个阀门，交替开关以达到密封的目的。反应区的温度为1000~1100℃，上部的温度为90℃，氧气的压力为3.5~4.0kg/cm^2，石油焦的灰分<1%。当工作区温度大于90℃时，要补加焦炭。

从发生器出来的一氧化碳气体，通过水洗涤，将除去烟尘；再经过泡沫收尘器和湿式除尘器（上面是湿式电收尘，下面是装填料的洗涤塔）把烟气中的烟尘再次除去；然后在脱硫塔中喷入碱液，除掉二氧化碳及硫。产出的一氧化碳气体成分为：CO>96%，O<0.4%，CO_2<1%。石油焦氧化还原反应制备一氧化碳成本低，产量大。

3.8.5 甲醇裂解法制备一氧化碳气体[4]

甲醇裂解法制备一氧化碳其主要流程是：甲醇经进料泵计量、增压、气化、过热后变为甲醇蒸汽。在一定温度下，通过装有专用甲醇裂解催化剂的反应器，得到组成约为2∶1的氢气和一氧化碳的裂解气。经冷凝器冷却，然后进入气液分离器分离，裂解气从气液分离器上部出来进入净化器，未反应的甲醇冷凝返回甲醇贮罐循环使用。裂解气送入净化器脱除气体中的有害杂质后，进入CO膜分离提纯单元，得到纯度≥96%的一氧化碳产品。中间产品为纯度>90%的氢气，可再进入氢气提纯系统得到氢气≥99.9%的产品。该方法既能够获得高纯度的一氧化碳气体，供给羰基镍络合物合成反应；又能够获得高纯度的氢气，供给原料镍的还原工序。

焦炭富氧造气法制取一氧化碳工艺中，包括了尾气变压吸附系统。甲醇裂解法制取一氧化碳工艺中，必须再建一套尾气变压吸附系统，增加额外投资。甲醇裂解法中副产品氢气能够利用，可降低一氧化碳气体生产成本。从以上比较可知：焦炭富氧造气法具有生产成本低，流程简单，且一氧化碳气体分离与羰基镍、羰基铁生产线产生的尾气合用一套变压吸附装置等优点。焦炭富氧造气法与甲醇裂解法的比较，见表3-9。

表3-9 焦炭富氧造气法与甲醇裂解法比较

比较项目	焦炭富氧造气法制一氧化碳	甲醇裂解法制一氧化碳
生产能力	74m^3/h	50m^3/h
成套装置总报价	408万元	240万元
所需厂房建筑面积	168m^2	140m^2
电耗量	63.3kW·h/h	50kW·h/h
循环冷却水耗量	42.5t/h	20t/h
原材料耗量	焦炭：100kg/h	甲醇：110kg/h
单位气体生产成本	3.82元/m^3	7.31元/m^3

参 考 文 献

[1] Бёлозерский Н А, Карбонилй Металлов. Москва: Научно. тёхничесоеиздательства, 1958: 47~56.
[2] БСыркин. Карбонильные. Металлы. Москва: Метллургия. 1978: 98~101.
[3] 钢铁研究总院粉末冶金研究室. 羰基铁粉末制取及性质研究报告, 1975.
[4] 钢铁研究总院粉末冶金研究室. 100 吨级羰基镍粉末生产线论证报告, 2000.
[5] 滕荣厚, 赵宝生. 羰基法精炼镍及安全环保 [M]. 北京: 冶金工业出版社, 2017.
[6] 钢铁研究总院羰基冶金实验室. 羰基铁络合物合成操作规程, 2003.

4　五羰基铁络合物热分解

4.1　五羰基铁络合物的热分解[1,2]

五羰基铁络合物是一种极不稳定的络合物。当五羰基铁络合物处在相应高的热能、声能、光能及强电磁场的作用下，且五羰基铁络合物（五羰基铁和四羰基镍络合物）蒸气环境周围提供的能量超过热分解反应的活化能额定值时，五羰基铁络合物按其规则热解离成金属和一氧化碳气体。实际上，五羰基铁络合物与四羰基镍络合物的热分解机理是完全一致的。俄罗斯科学家 Двяоар 和 Дисопе Мпммам 早就指出：羰基镍络合物的蒸气在低于这个化合物蒸发的温度以下，就开始被分解成金属镍和一氧化碳气体［$Ni(CO)_4 \rightarrow Ni + 4CO$］。五羰基铁络合物的蒸气在低于这个化合物蒸发的温度以下就开始被分解成金属铁和一氧化碳气体 $Fe(CO)_5 \rightarrow Fe + 5CO$ 。两者五羰基铁络合物的热分解反应机制十分吻合。因此，五羰基铁络合物的热分解、形核、核心长大以及形成粉末过程的机理是完全一致的。所以，其合成、热分解、涂层设备是可以互用的。

五羰基铁络合物的热分解反应为吸热反应，当五羰基铁络合物被加热到一定温度时，就会产生分解反应。五羰基铁络合物气体解离的一般通式指出：

$$\{Me(CO)_n\} \longrightarrow \{Me\} + n\{CO\}$$

式中，Me 是金属元素；CO 是一氧化碳气体。

五羰基铁络合物的种类主要有：$Fe(CO)_5$、$Fe_2(CO)_9$ 和 $Fe_3(CO)_{12}$ 等。由于五羰基铁络合物热分解可以制取具有各种形态及特殊性能羰基铁粉末的材料，所以 $Fe(CO)_5$ 在羰基冶金领域里获得最为广泛的应用。五羰基铁络合物生成的化学反应是可逆的，反应的方向取决于温度、压力及气相组分，即一氧化碳和羰基铁蒸气的浓度及压力。在大气压下五羰基铁络合物被加热时，发生分解反应：

$$Fe(CO)_5 \longrightarrow Fe + 5CO\uparrow$$

在分解反应的系统中，生成的 CO 气体将会阻止 $Fe(CO)_5$ 的分解速度。为此，必须从系统中不断地排出 CO，$Fe(CO)_5$ 在 70～80℃下已经开始分解，当温度高于 130℃时，才能够完全分解。实际上，完全分解是在 180～200℃下进行。

五羰基铁络合物热分解后，获得羰基铁粉末。在热分解温度下，生成活性铁与 CO 会发生以下的化学反应：

$$3Fe + 2CO \rightleftharpoons Fe_3C + CO_2;\ 2CO \rightleftharpoons C + CO_2;$$

$$3Fe + C \rightleftharpoons Fe_3C; \quad Fe + CO_2 \rightleftharpoons FeO + CO$$

五羰基铁络合物粉末含有 C 和 O 以外，基本上不含有 S、P、Mn、Si、As、Cu 等杂质。五羰基铁络合物粉末中 C 是以 Fe_3C 与游离 C 状态存在，而 O 是以 FeO 状态存在。在分解过程中，因为 Fe 有催化 CO 与 CO_2 反应的作用，通常采用通 NH_3 作为保护气体来抑制该反应。这样一来羰基铁粉中就不可避免地会有 N 元素的存在。其中 C 和 N 的含量均小于 1%。由于有 Fe_2O_3、Fe_3N 等杂质的存在，同时，铁粉表明也会对 CO 和 NH_3 气体有一定的吸附，这些因素造成铁粉硬度比较大，通常被称之为硬粉。

羰基铁粉末的粒度主要取决于热分解温度与 $Fe(CO)_5$ 通过的反应空间速度及浓度。五羰基铁络合物热分解析出铁原子，通过气相晶核及晶核长大逐渐形成粉末。

四羰基镍络合物与五羰基铁络合物都是过渡族羰基金属络合物。科学使用已经证明：五羰基铁络合物的热分解过程与四羰基镍的热分解过程非常相似。由于四羰基镍络合物热分解的机理研究得非常详尽，所以四羰基镍络合物的热分解的理论，可以移植到五羰基铁络合物热分解过程进行描述。

4.2　五羰基铁络合物分解的气相结晶过程[1,3]

五羰基铁络合物是极其不稳定的物质，即使是在低于常态下也有少量的五羰基铁络合物进行缓慢地分解。Двяоар 和 Дисопе Мпммам 都早就指出：五羰基铁络合物的蒸气在低于这个化合物蒸发的温度下就开始被分解成金属和一氧化碳。五羰基铁络合物蒸气解离的一般通式指出：$\{Me(CO)_n\} \rightarrow \{Me\} + n\{CO\}$。

通常在制取羰基金属粉末过程中。五羰基铁络合物需要在相应高的温度作用下分解，五羰基铁络合物按其规则，热解离成金属原子和一氧化碳气体。金属原子通过气相结晶形成晶核、晶核长大及团聚形成形状各异、不同尺寸的粉末颗粒。

利用五羰基铁络合物热分解，制取粉末的过程主要包括三个阶段：第一个阶段是五羰基铁络合物的热分解；第二个阶段是气态金属原子的气相结晶形核；第三个阶段是核心的长大及聚集处理。五羰基铁络合物热分解制取粉末过程中，除了五羰基铁络合物分解为化学过程外，气态金属原子结晶的特点均为物理过程。应该指出的是：气相结晶的机理与液相结晶的机理不同。

由于五羰基铁络合物和羰基镍络合物是最早被发现，同时也是最早被利用精炼金属镍和铁的化合物。所以，科学家对于羰基镍和五羰基铁络合物的热分解机制的研究也是最系统化和理论化。在研究其他羰基金属络合物，如：羰基钴、羰基钨、羰基钼的热分解气相结晶的过程中，发现与上述两种羰基金属络合物的分解过程几乎十分相似。因此，下面采用羰基金属络合物热分解的惯用统称理论来叙述，基本代表五羰基铁络合物的热分解过程。

4.2.1　五羰基铁络合物的分解气相结晶机制

五羰基铁络合物从热分解到气相结晶，再到形成颗粒过程，是分为三个阶段进行的。第一阶段：呈现出金属原子和一氧化碳气体分子。第二阶段：原子气态金属进行气相结晶。金属原子的气相结晶过程包括两个步骤：形核和核的长大，也就是金属原子在浓度的起伏及热能的共同作用下开始形核，接着是核心的长大。第三阶段：颗粒的形成（多晶体、聚合体），金属晶体质点在热运动的作用下就开始聚合、团聚。最后，形成形状各异的粉末颗粒。

4.2.1.1　五羰基铁络合物热分解气相结晶及影响因素

五羰基铁络合物热分解后，生成的气态金属原子，通过聚集组合成晶体的核心。气态的金属原子聚集形成晶核时需要具备如下的几个条件：

能量的起伏：在结晶前的瞬间，当一团气态金属原子所具有的平均自由能，高于周围金属原子的平均自由能时，该集团原子趋向进入准晶体态。

气态金属原子的浓度起伏：在结晶前的瞬间，当一团气态金属原子所具有的浓度，高于周围气态金属原子的平均浓度时，该集团的金属原子趋向进入准晶体态。

气态金属原子的结晶过程包括两个阶段：形核和金属质点的形成（聚合体，晶体）。按照 Сакуп，Шмраупа Нпс，КауспоН，КпипН 和 6аНп 等人的报告资料指出：在热分解器内环境中的形成温度是起着主导作用，热分解器的放电程度以及金属汽的密度（浓度）等诸因素，都影响到金属原子气相结晶的速度和在单位体积中的形核数量速度。五羰基铁络合物在相应高的温度下进行热分解，要比低温度下形核的数量要多；增加羰基络合物的浓度和降低设备中的真空度有助于形核。

4.2.1.2　形核及核的长大

五羰基铁络合物热分解后形成晶核及晶核长大的过程，不同于金属的液相结晶过程。晶核的长大是在气相环境下进行的。一般来说，晶核具有的能量要高于周围的能量，当晶核吸附气态金属原子后，获得了额外的碰撞能及吸附能。所以，晶核表面温度要高于周边的温度。此时，处在晶核表面上的金属原子在热运动的作用下，比较容易移动到晶格的结点。晶核表面吸附的金属原子不断地稳定在晶格结点后，晶体就连续地长大。

晶核（质点）的自身长大或者机械合并长大的过程，可以按照下面的形式来描述。在分解器上部产生的晶核或者金属质点，它们是处在刚刚产生的金属原子、五羰基铁络合物分子和一氧化碳的气体包围中。同时，气-固混合物流也处在无规则运动。该过程中既有互相碰撞，又有热分解的混乱状态。同时，为晶核或者金属质点吸附金属原子到晶核或者微质点的表面上提供更多的机会。处在吸附层和具有两个方向自由移动的金属原子，力图要求占据结晶格子中的自由点阵，当金属原子占据结晶格子中的自由点阵后就稳定在晶格节点上。当大量的金属原子不断地移动到晶格节点时，晶体就会迅速长大。

尽管金属原子气相结晶的产生条件对于系统的温度场和金属原子气的密度有着十分强烈的依赖过程。但是结晶核心的成长条件，却十分不同于它们结晶的形成条件。在高真空条件下形成的五羰基铁络合物热分解产生的金属原子，其形成的晶核尺寸是非常之小，可以在真空系统的内壁上产生十分灿烂的金属镜面涂层。在真空系统热分解的观察区域里，金属镜的沉积是以单个结晶作为堆积物。羰基铁镜面涂层是次微晶粒和为数不多的次微小质点组成；五羰基铁络合物在适当的真空度下进行热分解时，获得了不同尺寸的结晶混合物；在低真空时则呈现树枝状。

通过对于五羰基铁络合物蒸气热分解具体情况的研究指出：五羰基铁络合物蒸气在 300℃进行热分解时，在热解器上部区域内，金属蒸气的密度非常大，而温度又低于金属硬化的温度。所以，形成晶核的速度相当大，获得大量的铁晶核。在热分解器上部的热分解区，不断地供给新鲜的五羰基铁络合物蒸气，同时那里热解离进行得最激烈。因此，金属晶核的形成及长大的速度也是最快速，在热分解器下部的功能仅仅提供晶核进行合并、组成金属质点、质点颗粒的长大及颗粒的表面处理等功能。最后，形成粒度不同的羰基铁粉末。

应当指出：五羰基铁络合物分子与晶核或者微质点过热表面碰撞时刻，五羰基铁络合物就获得了足以使其立即分解的足够热量，分解为金属和一氧化碳气体。CO 分子在新生金属质点（镍或者铁）过热活化表面的催化作用下，CO 分子最易破坏（$2CO \rightarrow CO_2+C$），形成游离碳和二氧化碳及金属碳化物。游离出的碳和碳化物等杂质就被吸附在新生结晶金属核心质点的表面上。在晶核长大的所有这些过程中，晶核内不断地伴随碳及碳化物沉积。晶核的长大过程就是层状不断叠加发展过程。例如：羰基铁粉末质点的葱头状结构是该成长过程的最圆满的描述及解释。图 4-1 是羰基铁粉末的洋葱状结构。

4.2.2 五羰基铁络合物热分解气相结晶的影响因素

研究指出：在热分解设备中的温度是最重要的影响因素。此外，热分解器中的放电程度、金属气的浓度等诸因素，都会影响到金属原子气相结晶的速度和在单位体积中的形核数量。在相应高的温度下，要比低温度下形核要多；增加羰基络合物蒸气的浓度和降低设备中的真空度有助于形核。

在质点表面上吸附的金属原子具有两方向的迁移性。吸附层（质点或晶核表

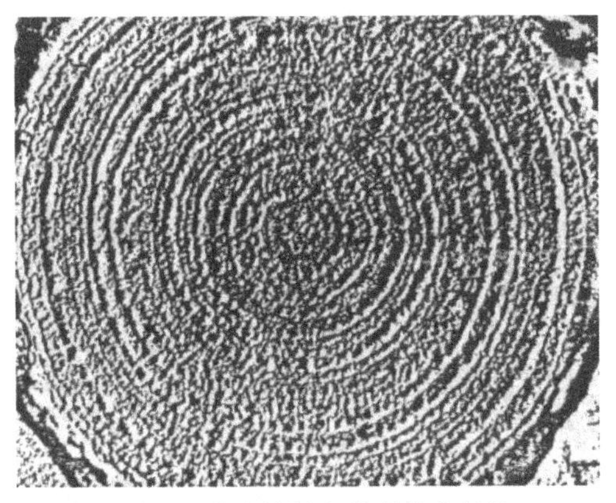

图 4-1　羰基铁粉末的洋葱状结构

面）的温度越高，吸附原子的迁移性就越高，也就越容易达到结晶晶格的自由点阵，越容易形成具有正晶界的结晶。

在热分解的系统中，以下的几个方面因素会影响晶核的形成及长大速度。

4.2.2.1　热分解系统温度的影响

在热分解器系统中，提高温度会增加晶核热运动的能量，进而增加质点（气态金属团、准晶体）间的碰撞机会，有利于晶核长大。

4.2.2.2　热分解系统的五羰基铁络合物浓度的影响

五羰基铁络合物浓度的增加，不但很自然的会增加热分解器空间的金属原子的浓度，而且也增加五羰基铁络合物在结晶核心的表面上进行热分解。为核心长大不断地输入新的金属原子。

4.2.2.3　热分解系统中惰性气体的影响

在热分解器系统中，有惰性气体加入时，会增加了阻碍金属质点的碰撞机会，减少了碰撞长大的可能性，有利于晶粒细化。所以，在热分解系统中输入的惰性的稀释气体，直接影响粉末的粒度大小，是制取细粉的方法之一。

4.2.2.4　稀释气体的影响

在五羰基铁络合物进行分解时，为了获得粒度不同的金属粉末，都要利用稀释气体（惰性气体及还原气体）。当增加稀释比例时（稀释气体流量（L/min）：羰基金属气体流量（L/min）），得到颗粒细的粉末；相反会获得颗粒粗大的粉末。特别应该指出的是：在利用稀释气体时，必须考虑到稀释气体在热分解器中的物理化学作用。稀释气体的物理化学作用，不但可以影响金属原子的气相结晶状态，进而导致改变粉末的粒度及形状；同时给金属粉末掺入杂质，如粉末中增加碳含量。

4.2.2.5　五羰基铁络合物在不同气氛中的分解率

当增加CO分压时，五羰基铁络合物的热分解速度降低；当CO压力降低时，分解速度加速。因为五羰基铁络合物热分解反应的速度与气相的体积相关。实验数据显示：在CO气氛中，温度为100℃时，五羰基铁络合物的分解率为0.5%；在氮气中为6.7%；在氢气中为16.7%。

五羰基铁络合物在不同气氛中的分解率列入表4-1中。

表4-1　五羰基铁络合物在不同气氛中的分解率

气体	温度/℃									
	63	66	81	100	110	129	135	155	182	216
N_2	0.7~2.7	—	6.2	6.7~8.8	25.4	76.5	—	94.3	89	93
H_2	—	—	—	16.7	—	—	—	—	—	—
CO	—	0.15	—	0.4~0.6	4.4	5.4	72	88.8	88	99.7

由此可见：五羰基铁络合物热分解的完全性，取决于反应区内排出的CO气体的速度。

4.2.2.6　热分解系统空间的大小

热分解器的高度增长，有利于晶核的长大。这是由于增加了质点在热分解器中的降落路径，增加了质点在热分解器中停留的时间，提高了质点之间的碰撞机会，有利于制取粗大颗粒粉末。

4.2.2.7　热分解系统的压力

热分解器系统压力增加，不利于晶核长大。因为热分解器中稀释气体的密度增加，阻止质点之间的碰撞机会增加。但是在实际热分解制取粉末的过程中，热分解器的内部压力是可以进行调控的，一般控制在小于250mm水柱高。

4.2.2.8　热分解系统的气流速度

增加热分解器内的气流速度，使得晶核在高温区停留时间短，有利于制备细粉末。

从上述的机理可知：欲控制五羰基铁络合物气相结晶颗粒的大小，必须综合考虑到热分解温度、五羰基铁络合物浓度及稀释气体三个主要影响因素。为此特别指出以下四点：

(1) 上述的三个影响因素，在一定的条件下可以同时发生或者交错进行。

(2) 热分解器里瞬间可以获得大量的结晶核心。为了获得具有一定粒度的粉末，必须协调温度、浓度的相互制约的关系。

(3) 晶核的长大不仅取决于五羰基铁络合物气体在核心表面上的分解多少，同时也取决于碰撞长大的机会。

(4) 粉末颗粒的大小，在很大程度上取决于五羰基铁络合物供给生成晶核的数量 Q 与供给核长大数量 q 的比例。若是 $Q:q$ 越大则粉末颗粒越细，反之则粉末颗粒越粗。

此外，还有以下方法促进加速形成晶核速度和核心数量：在热分解器喷口处载入添加核心。五羰基铁络合物气体与外添加核心（纳米镍、铁颗粒）同时进入热分解器，不但提高气态镍原子形成晶核速度，而且还增加结晶核心；加外能量，如声能、光能、电磁能等；添加某些化合物，如卤化物、二苯醚等。

4.3 五羰基铁络合物的分解方式[4~7]

在不同的热分解方法及不同的热分解条件下，进行五羰基铁络合物热分解来制备产品时，不但能够获得不同几何形状类型的产品，而且还能够获得优良的物理及化学性能。如：零维的颗粒状材料、一维纤维材料、二维不同几何形状的膜状材料、三维大块铁丸、镍丸、铁镍合金丸，还有复合材料、空心材料，海绵体以及梯度材料等。

在羰基冶金实验室里，热分解设备是通用的，尤其是制取羰基铁粉末和羰基镍粉末、羰基钨粉末以及羰基钼粉末、羰基金属混合热分解制取合金材料、羰基金属气相沉积镀膜、包覆复合材料等。只是根据不同的五羰基铁络合物来设计热分解参数。下面介绍常用的几种五羰基铁络合物的热分解方式。

4.3.1 五羰基铁络合物在真空中热分解

五羰基铁络合物在真空中热分解，可以分为在真空的空间中自由热分解、在某种基体材料表面上热分解和在多孔泡沫材料空隙中热分解等。

4.3.1.1 在真空的空间中自由热分解

五羰基铁络合物在真空的空间中自由热分解为金属质点，同时释放出一氧化碳气体。五羰基铁络合物在真空的空间中自由热分解，是获得高纯度金属粉末的较好的方法。不会因为在反应器中存在的气体介质（氮气、氧气），所引发的副反应生成物添加杂质。例如：氧化物、氮化物等。

利用等离子 CVD 真空装置，进行热分解五羰基铁络合物（羰基镍、羰基铁、羰基钨、羰基钼等）制取纳米颗粒已经被应用。等离子 CVD 是热分解多种五羰基铁络合物的通用装置，其中制取纳米铁颗粒就是一个典型的例子。首先是将系统利用真空泵排除空气，使得系统内维持一定的负压，一般控制在 2～5mmHg。启动等离子发射系统工作后，利用氮气或者氩气作为载带输入气体，将五羰基铁络合物气体输入到反应区。五羰基铁络合物受到等离子束轰击后，迅速热分解获得纳米铁颗粒。由于纳米铁颗粒具有极高活性，必须迅速地进入载液体中保存。图 4-2 为等离子 CVD 热分解装置。

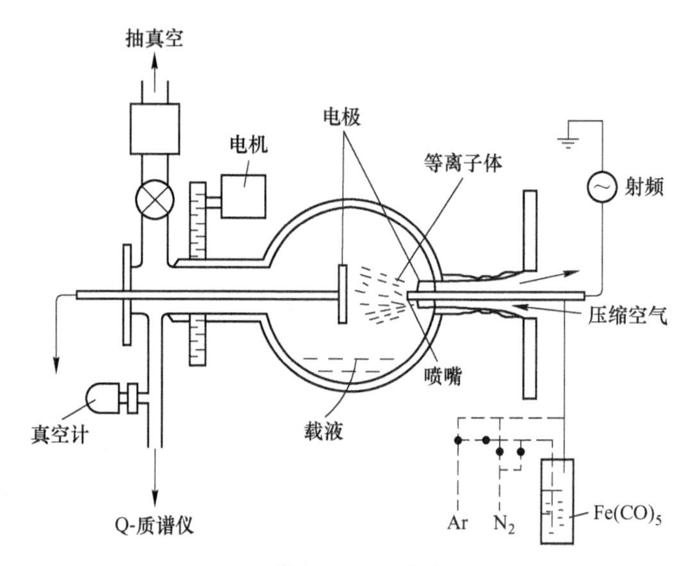

图 4-2　等离子 CVD 热分解装置

4.3.1.2　在某种基体材料表面上真空热分解涂层

五羰基铁络合物在真空条件下的颗粒、纤维、管道、平面上的基体表面进行热分解，形成包覆复合材料。能够获得高质量的包覆膜材料，包覆膜不但与基体结合牢，厚度均匀，而且膜的纯度高。

在多孔泡沫材料空隙中热分解，由于多孔泡沫材料贮存大量的气体，特别是吸附在微细空隙中的气体，它们阻止五羰基铁络合物气体进入微细孔内部。当多孔泡沫材料处在真空中，只要是连通空隙，则空隙中就不会残留气体，五羰基铁络合物就可以顺利地到达海绵体内部的每一个角落，热分解后形成均匀的涂层。当除去基体骨架，就会获得活性高的金属海绵材料。

(1) 五羰基铁络合物包覆粉末颗粒。五羰基铁络合物在粉末颗粒（金属或者非金属颗粒）表面上采用热分解法制取包覆粉末复合材料，可以在常压下或负压下进行包覆。实验证明：在真空条件下包覆质量为优。图 4-3 是五羰基铁络合物气相沉积包覆粉末装置，可以包覆金属核心、非金属核心。

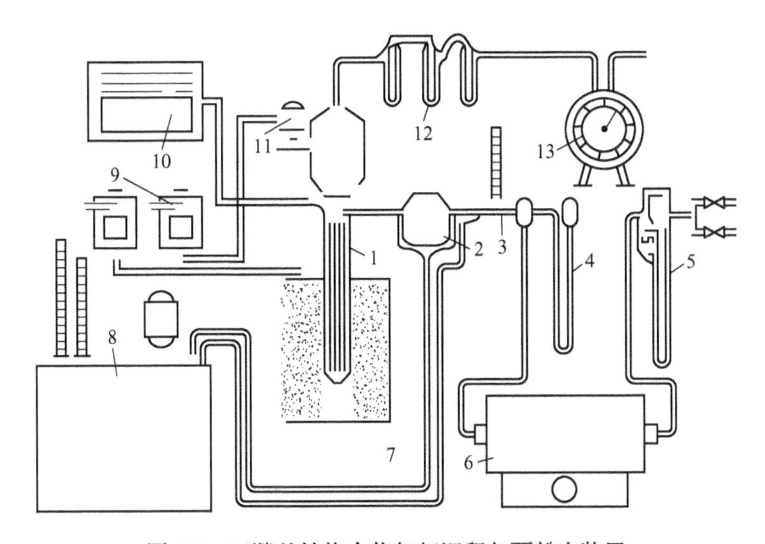

图 4-3 五羰基铁络合物气相沉积包覆粉末装置

1—包覆反应器；2—蒸发器；3—温度计；4—压力计；5—流量计；6，7—加热器；8—恒温箱；9—分线盒；10—毫伏表；11—震动器；12—冷凝器；13—气压计

（2）五羰基铁络合物气相沉积薄膜工艺流程。利用羰基镍、羰基铁、羰基钨、羰基钼等络合物气相沉积薄膜，羰基金属气相沉积工艺流程基本相同，只需根据不同羰基金属络合物设计工艺参数。工艺流程中的主要设备有：羰基金属贮罐、载带器、真空涂层反应器（加热器、转动盘、喷嘴）、破坏器、真空系统、参数测量系统等。下面为实验室里一种典型羰基镍｛铁｝络合物气相沉积薄膜工艺流程图，如图 4-4 所示。

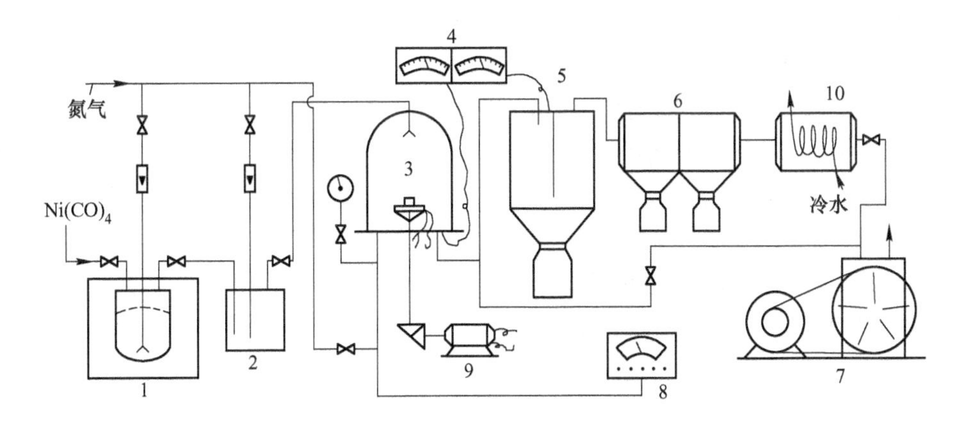

图 4-4 羰基镍气相沉积的工艺流程

1—羰基镍或者羰基铁载带系统；2—混合器；3—涂层室；4—温度测量；5—破坏器；6—过滤器；7—真空泵；8—真空表；9—转动系统；10—废气冷却器

羰基镍｛铁｝络合物气相沉积的工艺流程共有六个部分组成，分别是：供给气体系统，气相沉积系统，真空获得系统，尾气的消毒系统，计量及控制系统，实验室排风系统。

下面介绍羰基镍络合物气相沉积的工艺条件：试验证明温度范围为180~430℃；钟罩压力：0.5mmHg~常压；稀释及载带使用将根据情况，全有、全无或者只有一种。由于设备的原因，试验工程中没有稀释气体及载带气体。表4-2列出了工艺条件。

表4-2　工艺条件

工艺条件	温度/℃	压力/mmHg	备　注
指标	180~250	1~2	无稀释和载带

4.3.2　五羰基铁络合物在气体介质空间中自由热分解

当五羰基铁络合物被限定在一个充满不同气氛的空间中，进行自由的解离时，五羰基铁络合物热分解所需要的能量，可以采用电加热，也可以采用燃气加热供给。五羰基铁络合物解离所产生的气态金属原子通过气相结晶、形核及核的长大，形成各种类型的粉末体，如纳米级金属粉末、微米级粉末及多元合金粉末。其热分解的气氛有如下几种。

4.3.2.1　五羰基铁络合物在还原气氛中热分解

（1）五羰基铁络合物在一氧化碳气体中热分解。五羰基铁络合物在还原气氛中热分解，应用最为广泛的是在一氧化碳气体气氛中。世界上各个国家精炼厂生产的各种规格的（微米级、亚微米级粉末）羰基铁粉末和羰基铁镍合金粉末，都是在一氧化碳气体气氛中进行热分解，其缺点是粉末中增加碳含量。当新生态的镍和铁产生时，由于它们催化作用，促使CO气体分解，产生游离碳和二氧化碳（$2CO \rightarrow CO_2+C$），增加粉末中碳含量。图4-5是CO气氛中进行热分解器。

（2）五羰基铁络合物在氢气中的热分解。在热解器中导入氢作为稀释气体，从此就强烈地减少粗大的质点，而获得比较细的粉末。例如：羰基铁热分解制取超细铁粉末时，由于新产生的超细铁粉末具有高活性，当热分解器内存在CO和H_2时，在铁粉末极强的催化作用下，为下列反应的进行制造了条件，增加粉末中含碳量。

$$CO \longrightarrow CO_2 + C$$

4.3.2.2　五羰基铁络合物在惰性气体中热分解

五羰基铁络合物在惰性气体（氮气、氩气等）中热分解，可分为以惰性气

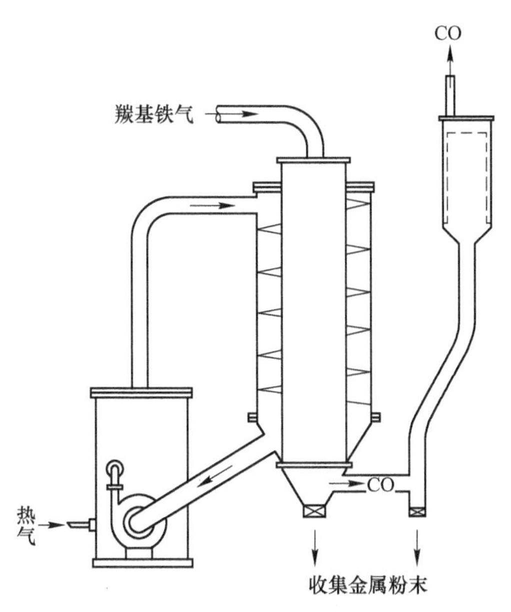

图 4-5 CO 气氛中进行热分解器

体为稀释气体的热分解和以惰性气体为热源的热分解两种热分解方式。五羰基铁络合物在惰性气体中热分解，主要目的是制取高纯度金属产品；同时也适用制备粒度小于微米级羰基金属粉末。常用的惰性气体为氮气。

(1) 在预热惰性气体中的热分解。羰基镍或者羰基铁络合物在预热惰性气体中的热分解，是以惰性气体为热源的热分解。首先是将惰性气体预热到一定的温度，以一定的流量加入热分解器中与气态五羰基铁络合物混合气体相遇，则五羰基铁络合物立刻分解。惰性气体预热分解法非常适合制取纳米级铁及镍粉末。因为惰性气体预热分解法具备如下特点：热分解反应区的温度均匀；气态五羰基铁络合物的浓度均匀；五羰基铁络合物气体与预热的惰性气体能够充分混合，瞬间热分解产生大量的晶核。新生的晶核随着气流迅速离开反应区，不但晶核热动能降低，而且金属原子的浓度也低，因此，核的长大受阻，容易制取纳米级的粉末。利用惰性气体预热法生产微米级粉末和纳米级粉末的方法，与壁式加热热分解器相比较，惰性气体预热法不但产量高，而且气体及热量消耗都大大地降低。制取纳米级羰基铁粉末的预热炉热分解器如图 4-6 所示。

(2) 以惰性气体为稀释气体的热分解。五羰基铁络合物，以惰性气体为稀释气体的热分解，热分解所需要的热能是依靠被加热的热分解器的器壁导入的。热分解器的加热方式很多（电加热、热风、导热油等），通常采用电加热的较多。五羰基铁络合物在惰性气体中热分解，主要目的是制取碳含量低的金属产品，适用制备粒度小于微米级的羰基金属粉末。

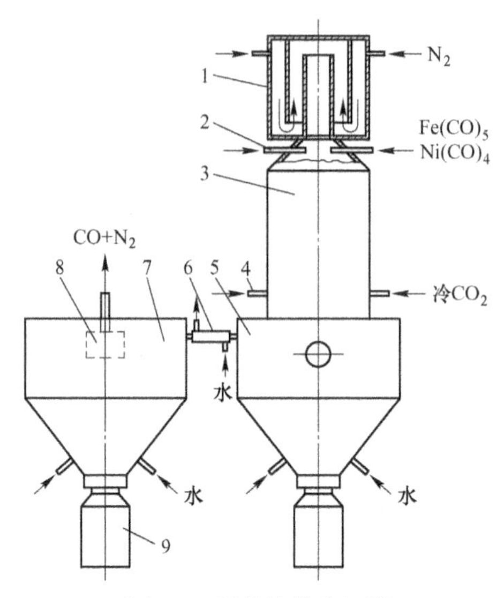

图 4-6　预热炉热分解器

1—预热炉；2—羰基金属气体喷口；3—热分解反应区；4—冷却气体喷口；5—粉末收集仓；6—冷却；7—粉末收集仓；8—过滤器；9—粉末储罐

冶金工业部钢铁研究院羰基金属实验室，于20世纪60年代研究制取超细羰基镍粉末和羰基铁粉末的热分解器，如图4-7所示。

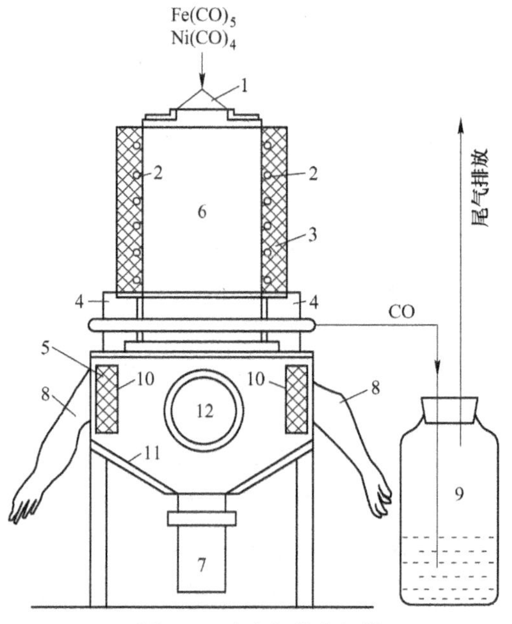

图 4-7　壁式加热分解器

1—羰基金属气体喷口；2—加热体；3—保温套；4—提拉；5—过滤袋；6—热分解区；7—收粉末器；8—手套；9—水封瓶；10—分离器；11—冷却水塔；12—观察口

4.3.2.3 五羰基铁络合物在氧化气氛中热分解

五羰基铁络合物在氧化气氛中热分解，主要是通过在热分解器内加入一定比例的空气。添加空气的量要依据产品性能而定。五羰基铁络合物在氧化气氛中热分解的产品为金属氧化物粉末。如：铁氧体的制取。

4.3.2.4 五羰基铁络合物在氨气气氛中热分解

羰基铁络合物在氨气中热分解，一方面可以获得低含碳量的优质羰基铁粉末，同时也提高粉末的电磁性能。图4-8是羰基铁络合物在氨气中热分解装置。

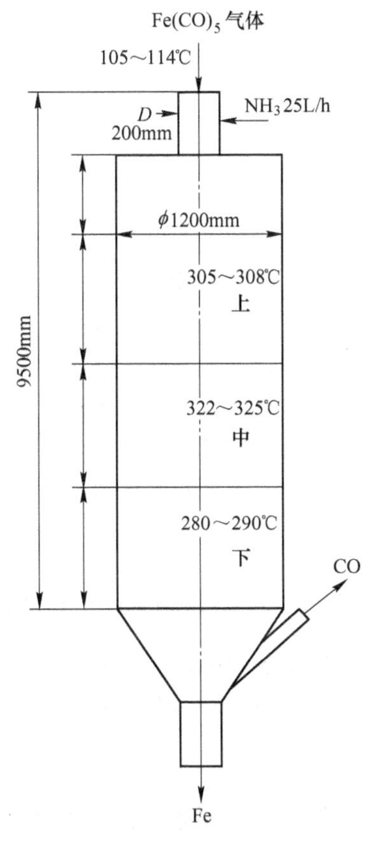

图4-8 氨气热分解炉

4.3.3 常压状态下五羰基铁络合物在固体表面上的热分解

在常压条件下，五羰基铁络合物被限定在一个物体的表面上进行热分解。分解的产物沉积在物体的表面，形成连续的沉积膜。沉积膜的厚度及致密性都是可以控制的。但是沉积膜与基体结合的紧密性，不如在真空条件下的沉积膜。五羰基铁络合物热分解沉积的基体可以是：零维材料（粉末）、一维材料（纤维）、二维材料（薄膜）、三维材料（块状的固体）等。如包覆粉末、空心材、纤维复合材料、薄膜材料及丸等；当沉积发生在自身核心的表面时，则颗粒不断地循环长大为镍丸，其沉积方式如下。

4.3.3.1 五羰基铁络合物在颗粒表面上的热分解沉积

五羰基铁络合物在颗粒表面上的热分解沉积，形成包覆粉末产品。被包覆的核心有金属（铝、铁、铜粉末等）；非金属（碳、二氧化硅、硅藻土等）；有机物（聚乙烯、碳化物等）。但被包覆的粉体材料的熔点一定要高于五羰基铁络合物的热分解温度，起码控制在高出 50~80℃为宜。

4.3.3.2 五羰基铁络合物在纤维表面上的热分解沉积

五羰基铁络合物在纤维表面上的热分解是制取复合纤维材料的最好方法。它具有方法简单、快捷、涂层均匀、涂层厚度容易控制及牢固等优点。纤维材料可以是碳纤维、金属纤维、玻璃纤维和纺织纤维等。

4.3.3.3 五羰基铁络合物在块状材料表面上的热分解沉积

五羰基铁络合物在平面基体表面上的热分解，可以制取二维的薄膜材料。薄膜的厚度、致密程度都能够得到有效的控制。薄膜的成分可以为单一金属、二元金属、三元金属组成；可以制取单幅薄膜，也可以制取连续薄膜。羰基金属气相沉积制取金属及合金薄膜如图 4-9 所示。

4.3.3.4 五羰基铁络合物在几何形状各异的基体表面上的热分解沉积

五羰基铁络合物在几何形状各异的表面上的热分解可获得形状各异的膜。无论基体的形状多么复杂怪异，只要五羰基铁络合物能够进入接触被沉积的表面，就能够实现连续完整的沉积膜。

4.3.3.5 五羰基铁络合物在海绵体空隙表面上的热分解沉积

以前，在非金属海绵体空隙内表面沉积薄膜是非常困难的。自从利用五羰基铁络合物热分解沉积方法，使得在非金属海绵体空隙表面沉积薄膜变得非常容易。因为气体是无孔不入的，所以该法是制取泡沫金属的最佳方案。现在，国内外利用五羰基铁络合物气相沉积，制取泡沫金属镍已经批量生产，促进了镍氢电池的大发展。

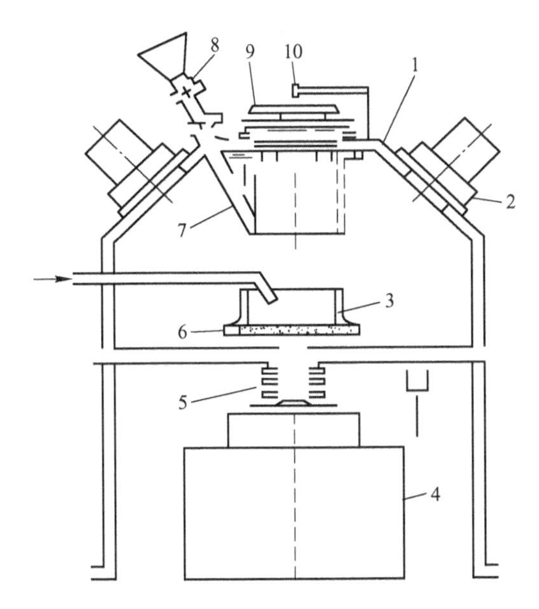

图 4-9 羰基金属气相沉积制取金属及合金薄膜

1—钟罩；2—超声波发生器；3—样品托盘；4—振动器；5—弹簧；6—隔热板；7—偏转器；8—羰基物料入口；9—观察孔；10—加热器

4.3.3.6 五羰基铁络合物在自身核心表面的沉积长大

五羰基铁络合物在自身核心表面的沉积长大，可以制取不同粒度粉末。其粒度范围非常大，可以从纳米颗粒一直能够长大到大于10μm的粗大颗粒；也能够从微米级颗粒长大到8~10mm的丸（镍丸和铁镍合金丸）。INCO公司羰基法精炼镍的95%的产品为镍丸。镍丸尺寸：8~10mm。镍丸的化学成分：Ni+Co：99.9%，S：0.03%，C：<0.01%，Fe：0.01%以下。

4.3.4 五羰基铁络合物热分解制取空心材料

五羰基铁络合物在水溶性、油溶性、低熔点易挥发及低温分解的材料的颗粒表面上进行沉积，去掉核心留下的即为空心壳体材料。

4.3.5 五羰基铁络合物在液体中的热分解[8,9]

五羰基铁络合物被限定在液体（水、油质、溶液、熔化的各种有机物）或者熔体里面进行热分解，分解后产生的纳米级金属颗粒悬浮在液体中，形成胶体体系（磁性液体）；热分解在熔体中进行时，待熔体凝固时就获得金属颗粒分布均匀的复合材料（复合纤维）。五羰基铁络合物在液体中的热分解如下。

4.3.5.1　五羰基铁络合物在水中的热分解

将五羰基铁络合物气体导入沸腾的水中，就可以获得纳米级的金属颗粒，在水液体中添加分散剂就获得胶体。如：水基磁性液体。

4.3.5.2　五羰基铁络合物在油介质中的热分解

五羰基铁络合物在油介质（烯烃油、硅油）中的热分解，可获得纳米级的金属颗粒，金属颗粒在油中悬浮形成胶体体系。该胶体体系在重力场、一定范围的温度作用下，长期保存不分离，这就是具有液体特性的液体磁性材料。如：磁流变材料，磁流体材料（如图 4-10 和图 4-11 所示）和磁性润滑油材料。其在转动密封、阻尼和减震领域有着广泛的应用。

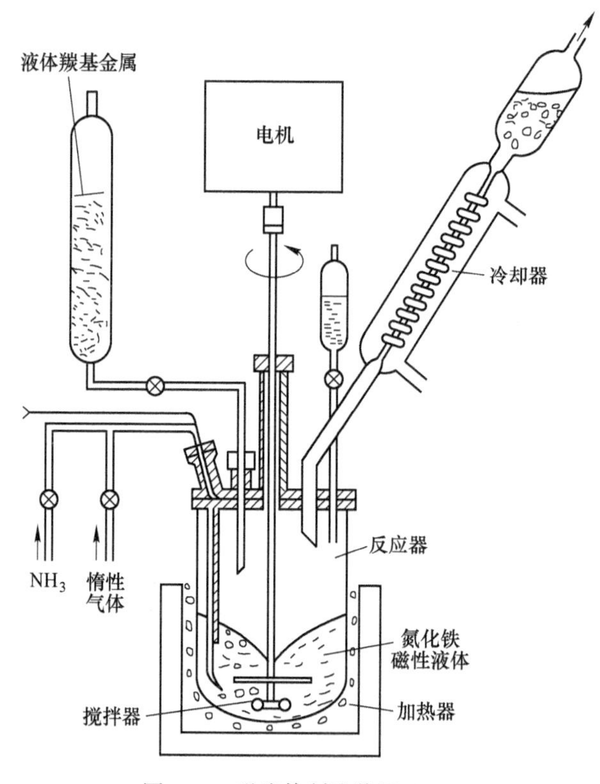

图 4-10　磁流体制取装置（1）

4.3.5.3　五羰基铁络合物在有机熔融介质中的热分解

五羰基铁络合物在有机熔融介质中的热分解，生成的金属颗粒均匀地分散在

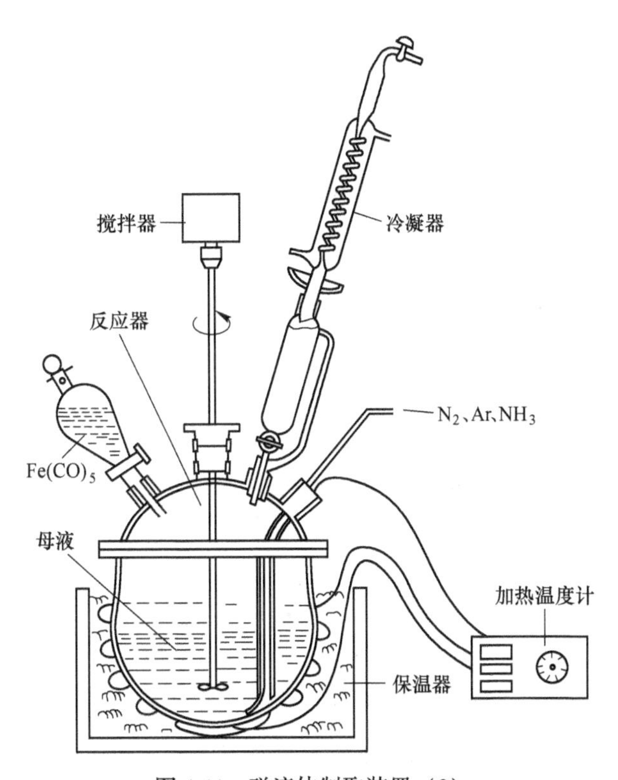

图 4-11 磁流体制取装置（2）

有机熔融的介质中，待有机物凝固后可以获得有机物复合材料。如五羰基铁络合物在橡胶、聚乙烯的熔体中热分解制取磁性密封条。

4.3.5.4 五羰基铁络合物在外场能作用下的热分解

由于五羰基铁络合物极不稳定，当五羰基铁络合物受到强烈震动、摇动、强光照射和高频电磁场作用下，五羰基铁络合物会逐渐地分解出金属和一氧化碳气体。实验室已经利用来赛光束分解五羰基铁络合物，制取纳米级金属粉末。

4.3.6 五羰基铁络合物的混合热分解

五羰基铁络合物的混合热分解，是指两种或两种以上的五羰基铁络合物的气体混合后，在一定的气氛中进行热分解。热分解获得的产物为二元或多元合金粉末、纤维材料、薄膜材料、多孔泡沫材料、不同组分的层状复合材料、梯度材料及夹层材料。

4.3.6.1 五羰基铁络合物混合热分解

五羰基铁络合物混合热分解，获得二元或者二元以上的合金粉末材料、纤维复合合金材料、合金薄膜材料、合金多孔泡沫材料等。

4.3.6.2　五羰基铁络合物的交替热分解

五羰基铁络合物交替地在基体表面上热分解，就会形成组分交替的层状结构材料。每一组分的厚度都能够得到有效的控制。

4.3.6.3　五羰基铁络合物组分浓度连续变化的热分解

五羰基铁络合物组分浓度连续变化的热分解，就会获得浓度梯度连续变化的梯度材料。材料的组分可以任意组合、材料的浓度可以任意变化。

4.3.7　五羰基铁络合物热分解时添加物

五羰基铁络合物热分解时，向热分解器中额外添加一些物质，有的是增加形核率；有的是控制粉末粒度及表面状态；有的是控制成分。

4.3.7.1　促进形核率的添加物

当五羰基铁络合物热分解时，向热分解器的反应区加入氢气、有机物等物质，促进形核率增加，能够获得颗粒细的粉末。

4.3.7.2　影响核长大的添加物

当五羰基铁络合物热分解时，向热分解器的反应区加入干冰（二氧化碳），冷却的惰性气体等。降低新生晶核的活化能量，抑制晶核的长大。

4.3.7.3　控制粉末杂质添加物

当五羰基铁络合物热分解时，向热分解器的反应区加入氨气，可以降低粉末中的碳含量。包括以下热分解方式，如：空间自由分解、机体表面分解、气相分解、液相分解等。

4.3.8　雾化液态五羰基铁热分解制取粉末

通过雾化液态五羰基铁络合物液体热分解制取铁粉末。图 4-12 给出了雾化液态五羰基铁络合物制取粉末的工艺流程。首先是利用精密减压器，使得羰基铁容器中的氮气压力控制并且稳定在 1000Pa。羰基铁液体通过虹吸管，经过过滤器 2 和 3 净化后，进入热分解器上方的喷射器头 4，然后进入热分解器 5，热分解器三段电加热，氨气由热分解器上法兰进入热分解器，生成的粉末沉积到集粉器 6，颗粒较小的粉末被气流携带通过套管过滤器 7，沉积到集粉器 8 中。为了保证液态的五羰基铁高度雾化分散，采用切线与螺旋给料器型离心喷射器，喷射器头部加冷却水防止分解。

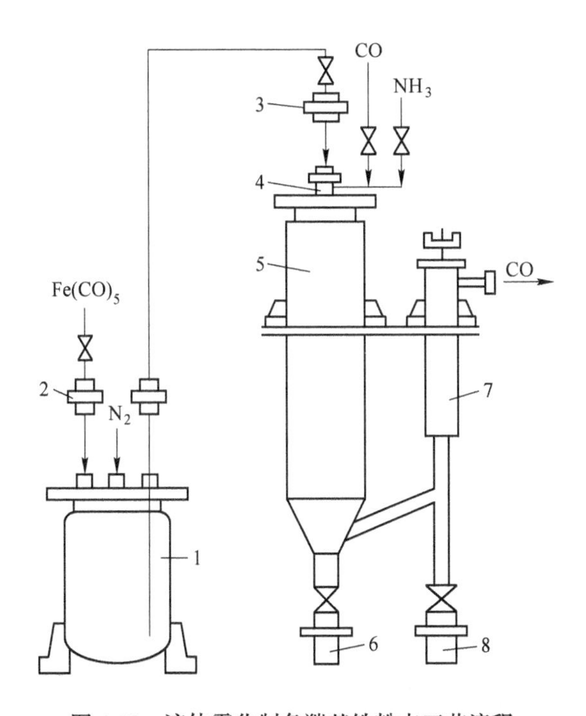

图 4-12　液体雾化制备羰基铁粉末工艺流程

1—羰基铁贮罐；2，3—过滤器；4—喷射器；5—热分解器；6，8—集粉器；7—套管过滤器

通过雾化液态五羰基铁络合物液体热分解制取铁粉末实例，列举如下：热分解器的直径为 0.5m，高度为 4m。热分解器的最佳温度制度为上部 240℃，中部 295℃，下部 280℃。液体羰基铁为 6.5L/h，氨气为 300L/h。

表 4-3 比较了喷射雾化法与普通方法生成粉末的粒度组成。喷射雾化法获得的粉末平均粒度小于普通方法制备的粉末。来自过滤器的喷射雾化粉末，其中 85%由 1.0μm 或者更小的粉末组成。这种粉末的分散性好，碳与氮的含量最佳，电磁参数好。性能比较见表 4-3。

表 4-3　雾化羰基铁热分解与蒸气热分解的粉末性能

粉末部位	颗粒形状	颗粒的含量/%											合计/%	平均粒度/μm
		颗粒的大小/μm												
		0.5	1	2	3	4	5	6	7	8	9	10		
		雾化羰基铁热分解												
分解器	球	25.7	30	12	6.3	2.8	1.7	0.1					79.4	3.1
	聚			5	5	3.5	2.7	1.0	1.3	0.7	0.4	0.3	20.3	

续表 4-3

粉末部位	颗粒形状	颗粒的含量/% 颗粒的大小/μm											合计/%	平均粒度/μm
		0.5	1	2	3	4	5	6	7	8	9	10		
滤器	球	58.5	24	6	2.5	0.1							91.3	1.2
	聚			5.7	1.6	1.2							8.6	
		羰基铁蒸气热分解												
分解器	球	17.6	30	15	7	2.3	0.1						73.6	3.5
	聚			5	4.5	3.6	4.7	3.5	2.8	1.4	0.2	0.1	26.3	
滤器	球	25.5	36	13	3	0.9	0.1	0.1		0.1			79.1	2.6
	聚			7	6	3.3	2.1	1.8	0.6	0.9			20.8	

另外，喷射雾化法可以简化气态法工艺流程，如图 4-13 所示。

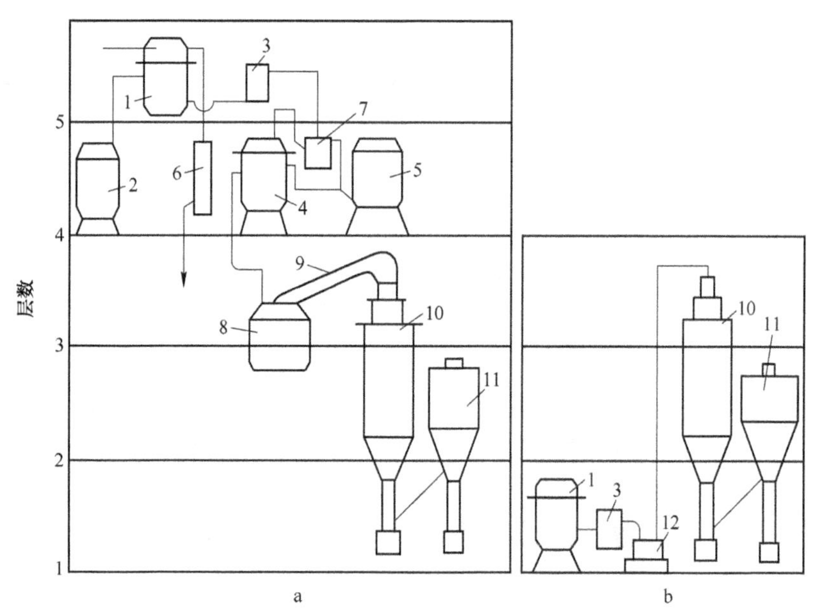

图 4-13　喷射雾化法可以简化气态法工艺流程

a—羰基铁蒸气热分解；b—羰基铁液体喷射雾化热分解

1—羰基铁贮罐；2—备用贮罐；3，11—过滤器；4，5—加压罐；6—水封罐；7—容器；8—羰基铁蒸发器；9—热交换器；10—热分解器；12—泵

4.3.9　热分解器的几何尺寸及热分解参数最佳匹配

4.3.9.1　热分解器的几何尺寸

根据制取粉末的物理性质（颗粒尺寸）及化学性质（表面状态）、单位时间

的产量来设计热分解器的几何形状及尺寸。

工业制取羰基铁粉末的应用装置。通常制取羰基铁粉末的热分解器是圆筒状，圆筒的直径与高度比例为 1∶5（也有不同），如图 4-14~图 4-16 所示。

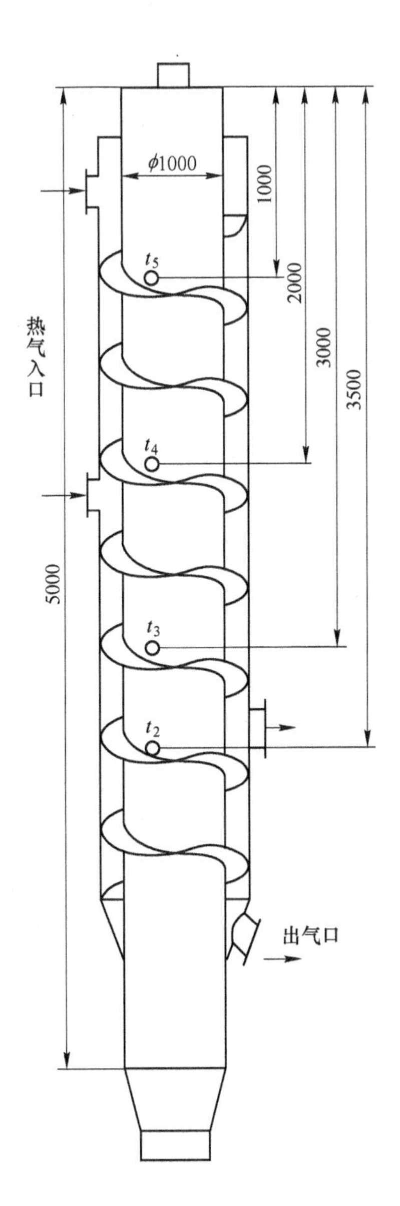

图 4-14 利用气体加热热分解五羰基铁工业设备（t_2、t_3、t_4、t_5 是温度测量）

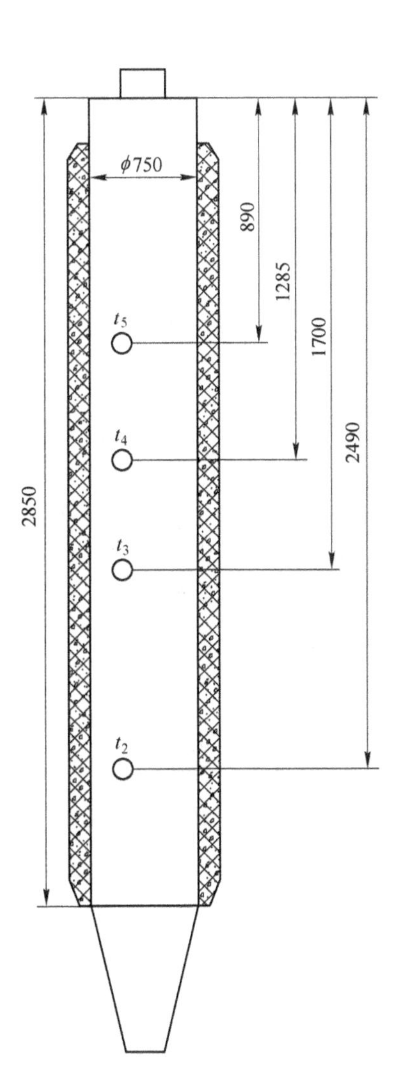

图 4-15 利用电加热热分解五羰基铁设备（t_2、t_3、t_4、t_5 是温度测量）

4.3.9.2　热分解器热区分割及温度参数设计

热分解器热区分割一般为上、中、下三个区域，如图 4-17 所示。在每一个热区中分为两个温度带。每一个温度带的温度数值，是根据制取粉末的性质来决定参数设计。在上、中、下三个区域中，各担负着不同功能。在热分解器上部的作用是羰基铁络合物分解形成核心；在热分解器中部的作用是核心的长大及团聚；在热分解器上下部的作用是羰基铁粉末的处理。最后形成的粉末收集在仓中，进行钝化处理。

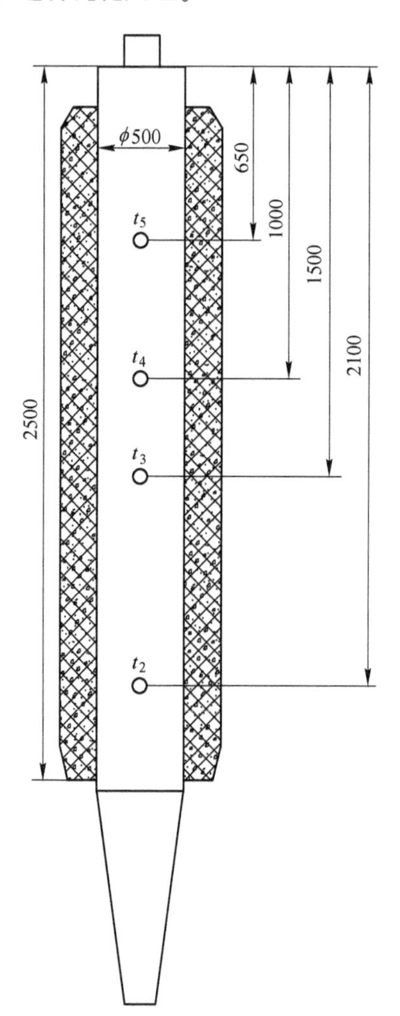

图 4-16　利用电加热热分解五羰基铁设备

（t_2、t_3、t_4、t_5 是温度测量）

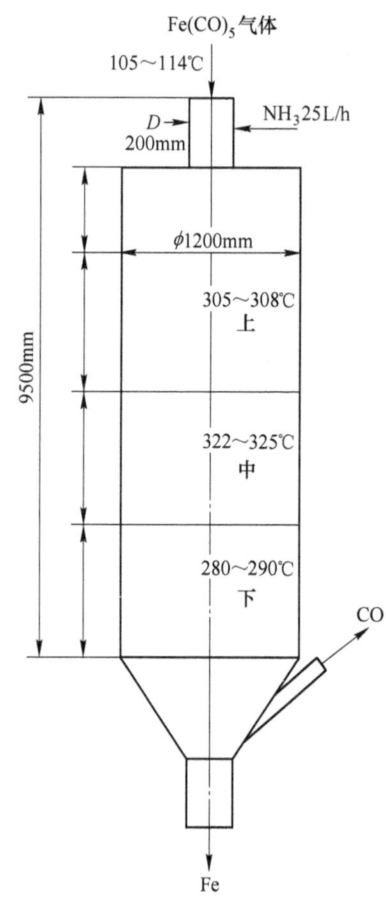

图 4-17　热分解器热区分割及温度参数设计

4.3.9.3 带有分级器的热分解装置

由于羰基铁络合物气体进入热分解器后的浓度分布不均匀，再加上温度不均匀，所以制取的粉末粒度分布有一定宽度。通过分级器可以获得不同粒度级别的粉末，如图 4-18 所示。

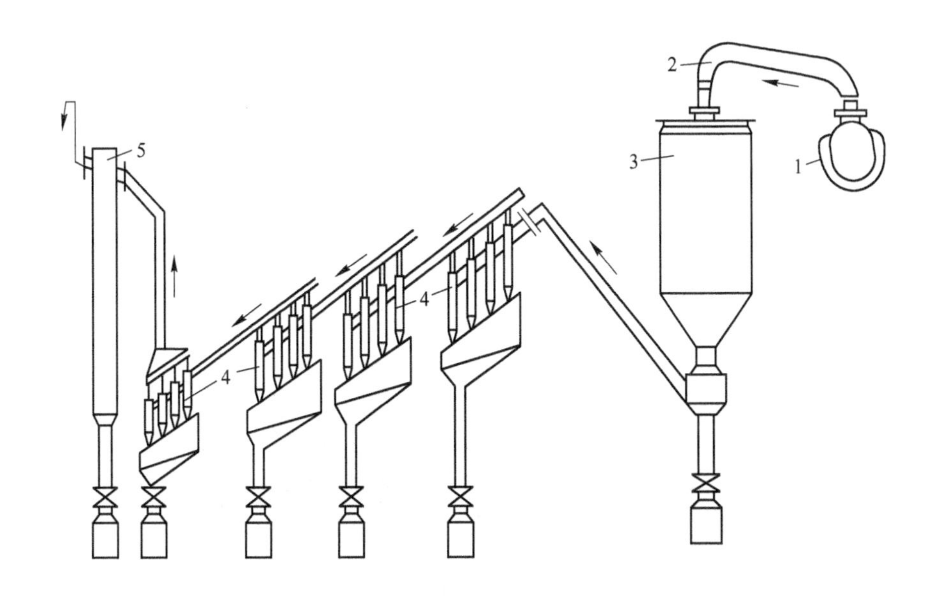

图 4-18 带有分级器的热分解装置

1—羰基铁储罐；2—导管；3—热解器；4—粉末分级器；
5—粉末收集（带过滤器）

4.3.9.4 带有循环长大的制取铁镍合金丸装置

在羰基冶金的工厂里，如加拿大 INCO 铜崖精炼厂的羰基镍丸工艺流程中，制取镍丸的装置与制取铁镍合金丸的装置是一样的，如图 4-19 所示。

4.4 羰基金属粉末的形成

五羰基铁络合物在热分解过程中产生的金属原子，通过气相结晶形成晶核，晶核的长大及核之间的聚集，逐渐形成具有一定尺寸的颗粒。当具有一定尺寸的颗粒在重力的作用下，以自由落体的速度降落时，颗粒不会再长大而保留一定的几何形状，这就形成羰基金属粉末。

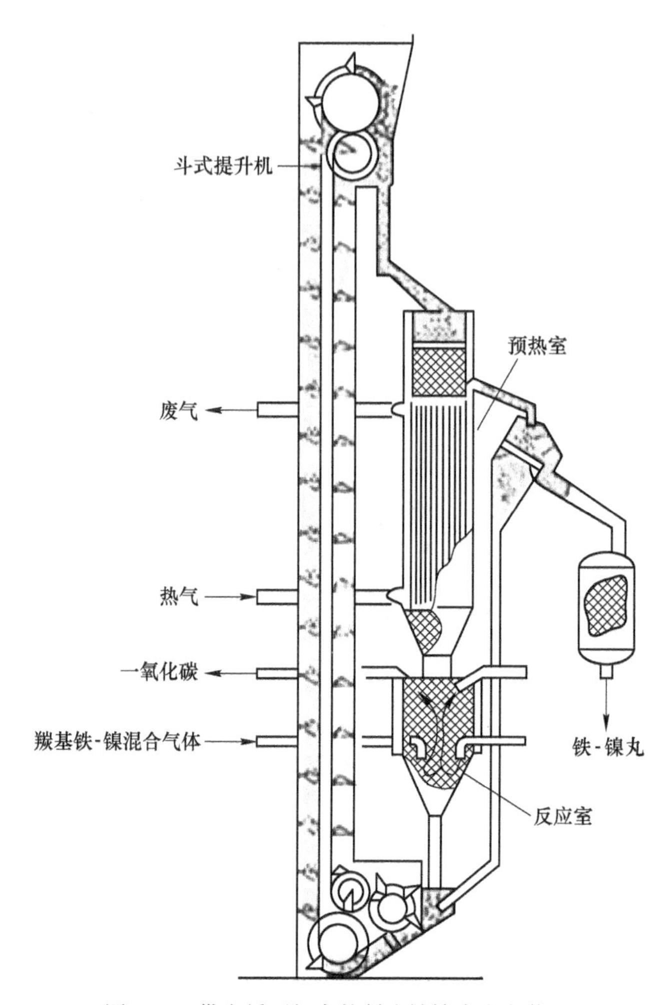

图 4-19　带有循环长大的制取铁镍合金丸装置

五羰基铁络合物热分解后，所形成的羰基金属粉末颗粒的平均粒度及粒度分布，是受到多种因素控制的。在热分解器上部区域形成的核心质点非常小，这些质点的运动的速度，不但取决于质点的自身热运动速度，同时也受到热分解器内由上往下运动气流的影响。因此，从每个核心的形成到长成具有一定粒度的粉末，经过计算可知：颗粒成长过程的真正行程，要比气流的行程大十万倍。这就为单个质点与铁原子之间的碰撞提供了更多机会，进而促进了金属结晶的自身长大及逐渐合并长大；同时也为五羰基铁络合物在金属质点表面上进行分解沉积提供机会。在质点不断合并长大后，质点由于受到重力影响，运动的质点在单位时间里所运动的路程在开始时较短，最后以不同的粉末粒度沉积下来。

羰基金属粉末的成长过程不仅与热分解区域的温度、五羰基铁络合物的蒸气浓度、气态金属原子的浓度、核心的浓度、气流速度以及质点本身的重量有关，而且还与热分解器的几何尺寸密不可分。可以断言：在粉末颗粒尺寸达到在重力的作用下并以自由落体降落时，实际上多数的质点并没有增加尺寸。利用 Cmok 的形式可以近似地给出：羰基铁粉末开始自由降落的尺寸为 2~3μm。这些粉末的粒度分布组成指出：颗粒尺寸为 3~5μm 占最大重量的百分数。

在分解器的顶部温度足够高时，两个质点在碰撞时析出的热，使得质点具有过热的表面。可以致使两个质点焊接而形成复杂的组合体，被焊接在一起的质点再发展就成了棉絮状结构。在低温热分解时，因为在这里的金属蒸气处在温度还足够高的环境中。由于五羰基铁络合物吸收大量的热量才能够分解，而热解器的上部区域来不及瞬间提供大量的热能。因此，在五羰基铁络合物蒸气开始大量进入热分解器时，同时碰撞的热效应不能致使质点的焊接，是不能呈现棉絮状粉末。两个颗粒碰撞时，所产生的碰撞热要比他们焊接在一起的热量要低，这些颗粒的物理团聚呈现海绵体。

如果五羰基铁络合物蒸气在气体介质中进行分解，形成的金属原子周围存在着稀释气体分子。已形成的晶核和金属颗粒与大量的稀释气体的分子相撞，稀释气体分子吸附这些在颗粒的表面上。相反，金属颗粒、金属原子气及五羰基铁络合物分子之间的碰撞受阻，在这样的环境条件下长大就很困难。所以，金属颗粒的长大减缓了，就获得了较小颗粒尺寸的羰基粉末。

五羰基铁络合物热分解产生的金属气态原子，在反应器系统能量的作用下，进行气相结晶形成晶核（质点）。晶核的自身长大或者通过机械合并长大，是以下面的形式进行的：

在分解器上部刚刚形成晶核质点，晶核质点处在具有多数金属原子、五羰基铁络合物分子和一氧化碳的气体包围中。如果晶核它们之间互相碰撞，在热运动的作用下，晶核质点会焊接在一起，使得晶核不断地长大。

晶核与金属原子之间的碰撞，同时把金属原子吸附到晶核质点的表面上。处在吸附层和具有两个方向自由移动的金属原子，力图要求占据结晶格子中的自由点阵，当金属原子移动到晶格节点并稳定地占据节点位置时，晶核也在不断地长大。

羰基铁络合物分子与过热晶核质点表面碰撞时，立刻获得了足以使其五羰基铁络合物立即分解的足够热量，分解出金属原子和 CO 分子。新生态的金属原子沉积在核心表面，使得核心不断地长大；而部分的 CO 气体，在金属质点的过热活化表面上最易破坏成碳和二氧化碳（$2CO \rightarrow CO_2+C$）。所有这些过程的结果使得结晶过程不断发展。观察羰基铁粉末质点内部的葱头状结构，充分解释结晶颗粒的长大过程。

羰基铁粉末颗粒的平均尺寸，是由下列因素所确定的。在分解器上部区域的核心质点非常小，他们运动的速度取决于气体由上往下运动的气流的总速度。因此每个核心的真正行程，要比气流的行程大十万倍左右。这就为单个质点与铁原子之间的碰撞提供了优越条件，进而导致了金属结晶的逐渐合并。在结晶质点的合并受到往下方向的质点的重力和热运动活力的影响。正像在分解器中的气流运动一样，运动的质点在单位时间里所运动的路程在开始时较短。因此，金属羰基粉末质点的平均尺寸，不仅与温度、热分解器的尺寸有关，而且还与气流速度，金属蒸气的浓度，核心的浓度以及质点本身的重量有关。

五羰基铁络合物蒸气在进入分解器后，被加热到高温进行热分解，五羰基铁络合物蒸气尚未达到分解器壁时，就已经完全分解，获得粒度较细的疏松或者是絮状物。在250~300℃进行热分解时，获得球状粉末，粉末粒度是随着热分解温度的增加而变小。五羰基铁络合物粉末含碳量是随着温度升高而增加。例如：300℃时羰基铁粉末中C为0.04%；400℃时羰基铁粉末中C为0.69%。在大气压下羰基铁被加热时，发生分解反应：$Fe(CO)_5 \rightarrow Fe + 5CO$，在分解反应的系统中，生成的CO气体将阻止$Fe(CO)_5$的分解速度。为此，必须从系统中不断地排出CO。$Fe(CO)_5$在70~80℃下已经开始分解，当温度高于130℃时，才能够完全分解。实际上，完全分解是在180~200℃下进行。

羰基铁粉末的粒度主要取决于热分解温度与$Fe(CO)_5$通过的反应空间速度及浓度。开始生成的晶核大约0.01μm，以后继续长大，生成1~10μm的颗粒。羰基铁粉末的颗粒呈现多层结构球形（如图4-20所示）。羰基铁粉末除含有C和O以外，基本上不含有S、P、Mn、Si、As、Cu等杂质。羰基铁粉末中C是以Fe_3C与游离C状态存在，而O是以FeO状态存在；它们是在$Fe(CO)_5$热分解温度下，生成活性铁与CO发生以下的化学反应而生成的：

$$3Fe + 2CO \rightleftharpoons Fe_3C + CO_2;\ 2CO \rightleftharpoons C + CO_2;\ 3Fe + C \rightleftharpoons Fe_3C$$

羰基铁粉末中碳和氧含量一般为1%~1.5%。在热分解过程中加入一定量NH_3时，可以将铁粉末中的碳含量降低至0.03%。

将一定量的惰性气体经过预热后，与羰基铁蒸气一起通入反应器中，稀释羰基铁蒸气和减少初生成颗粒的碰撞机会，这样能够促使形成超细颗粒，最小颗粒可以达到0.01μm。

羰基铁粉末需要在氢气中退火，可以除去C和O，降低粉末的硬度。在250℃利用H_2退火时，羰基铁粉末中发生脱掉碳并生成CH_4；退火温度在600℃时，可以完全去掉氧。还原退火后，羰基铁粉末中的碳和氧含量可以降低到0.03%。羰基铁粉末的摇实密度为3.5~4.5g/cm^3，烧结性能极好。如果羰基铁在物体的表面进行热分解时，可以形成薄膜。

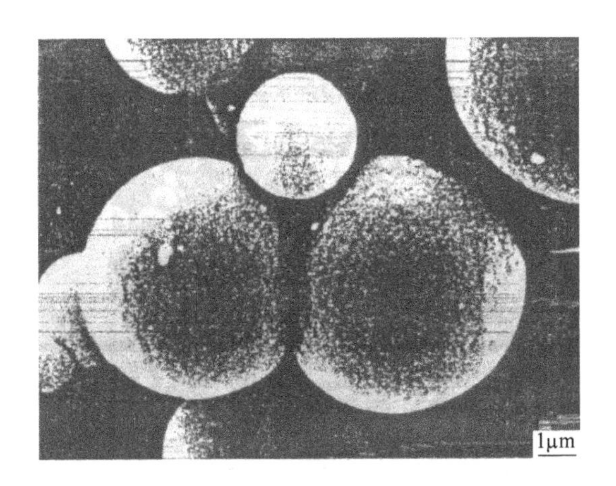

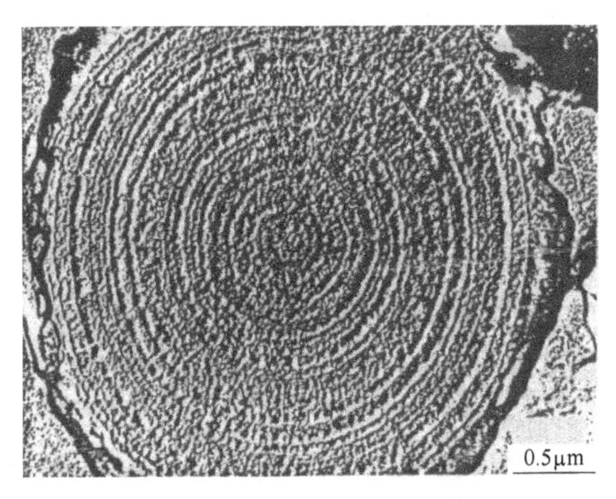

图 4-20 羰基铁粉末颗粒结构

4.5 羰基铁粉末制备工艺[11]

4.5.1 羰基铁粉末制备的工艺流程

五羰基铁络合物通过不同形式结构的热分解器，获得具有一定物理及化学性能的羰基铁粉末。初生羰基铁粉末经过机械及热处理后，达到所需要的物理性能。图 4-21 和图 4-22 列出了羰基铁粉末制取流程图。

图 4-22 描述了羰基铁粉末制备工艺的全部完整工艺流程。图中共包括三个部分：（1）图 4-22a 羰基铁络合物合成工艺流程；（2）图 4-22b 具有分级功能的羰基铁粉末制取工艺流程；（3）图 4-22c 利用天然气加热制取羰基铁粉末的工艺流程。

图 4-22a 为羰基铁络合物合成工艺流程：

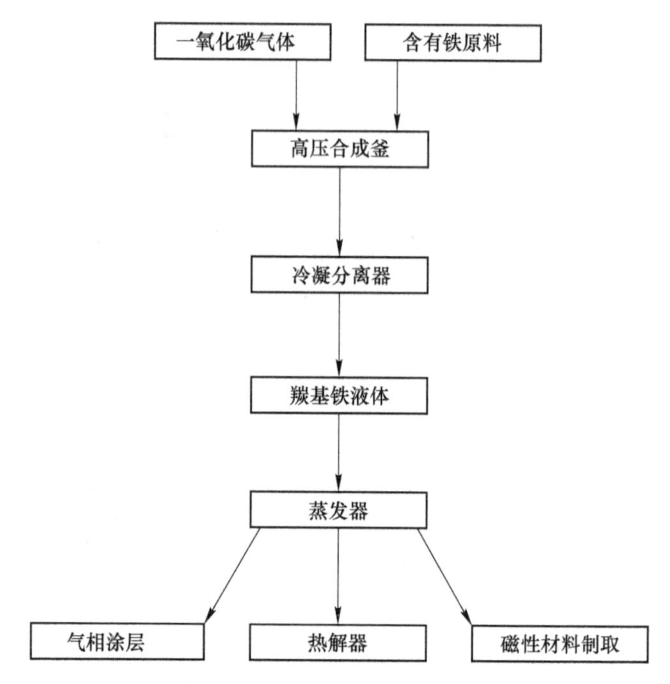

图 4-21　羰基铁粉末制取工艺流程图

一氧化碳气体由压缩机加压，高压一氧化碳气体经过过滤器 1 进入到高压储气罐 2，罐内压力维持在 25～30MPa；高压气体经过加热器 3 被加热到 180～200℃；被加热的一氧化碳气体进入合成釜 4；由高压釜排除的羰基铁络合物与一氧化碳气体混合，通过滤器 5 后进入热交换器 6；混合气体经过减压分离器 7 和 8 后，羰基铁络合物为液体与一氧化碳气体分离；羰基铁络合物储存储罐 8 中。

图 4-22b 为具有分级功能的羰基铁粉末制取工艺流程：

液体五羰基铁由压力容器 1 经过过滤器 2 与计量器 3 后进入蒸发器 4，由蒸发器出来的羰基铁蒸气，经过蒸气加热的套管 5 进入热分解器 6 的炉头，再进入热分解器 6 中。一般热分解器的直径为 1000mm，高为 5000mm。

热分解是有氨气参加下进行的，生成的羰基铁粉末在下面排出，进入套管式过滤器 7，将铁粉末过滤出。大约 80%的粉末沉积于集粉器中，过滤器滤出的粉末大约占 17%～18%，连接集粉器 8 与最后的套管过滤器 9 捕集的粉末大约 2%～3%。热分解器系统中，各处收集的粉末具有不同的粒度，这些粉末平均粒度为 3～4μm，2～3μm 和 2～2.5μm。但是，按着热分解的制度，粉末的各种粒度都是多种粒度级别，粒度分布从 0.5～17μm，既有球形也有团聚的颗粒。从过滤器 9 出来的废 CO 气体进入洗涤器 10，洗涤氨气后的 CO 气体再被利用合成五羰基铁。

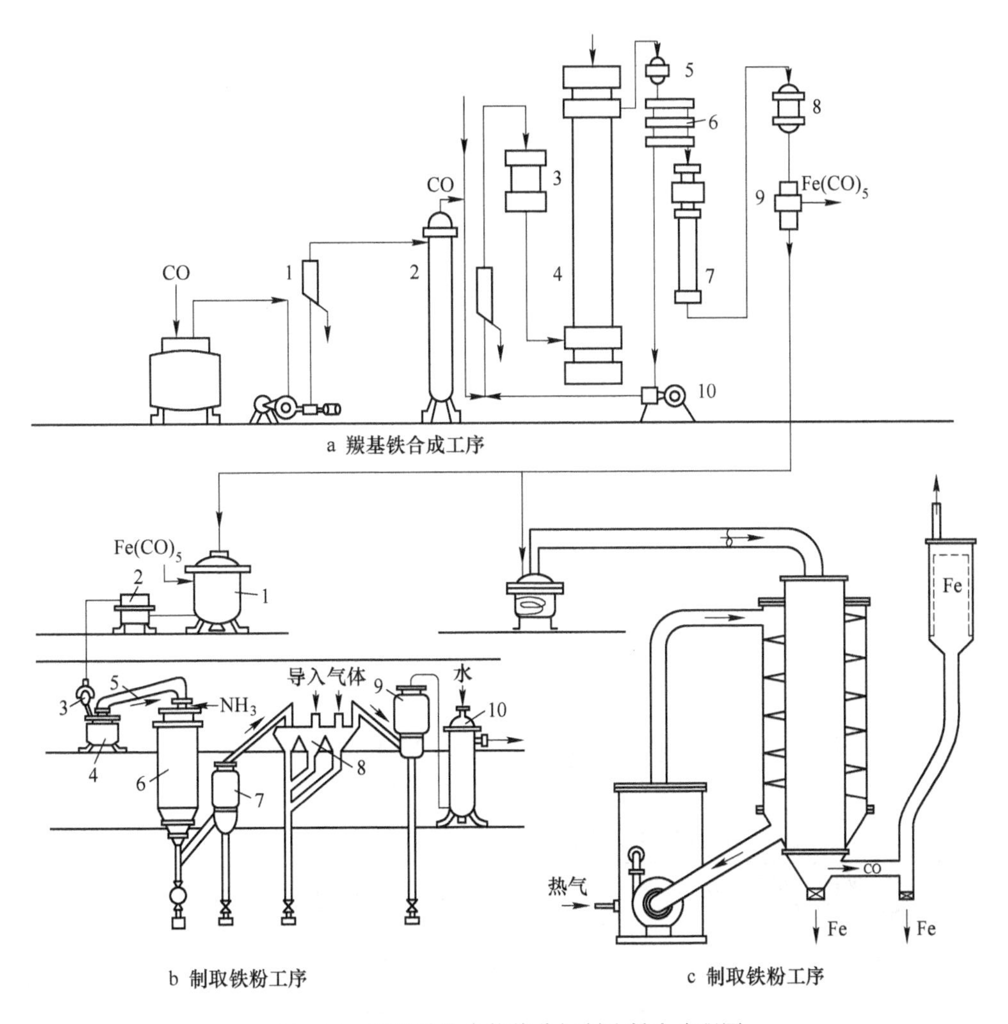

图 4-22 羰基铁络合物热分解制取粉末流程图

图 4-22c 为利用天然气加热制取羰基铁粉末的工艺流程：

羰基铁络合物液体在蒸发器加热到 100~110℃，羰基铁络合物气体与一氧化碳气体混合进入热分解器。热分解器通过燃气加热到设计的温度，生成的粉末经过钝化处理后包装成品。

4.5.2 热分解工艺制度

五羰基铁热分解过程中，主要控制的参数：沿着热分解器高度的温度分布；添加氨气的数量；输入热分解器内单位体积的五羰基铁数量；热分解温度直接影响到羰基铁粉末的物理及化学性能，特别是电磁参数。具体影响见图 4-23 和表 4-4。

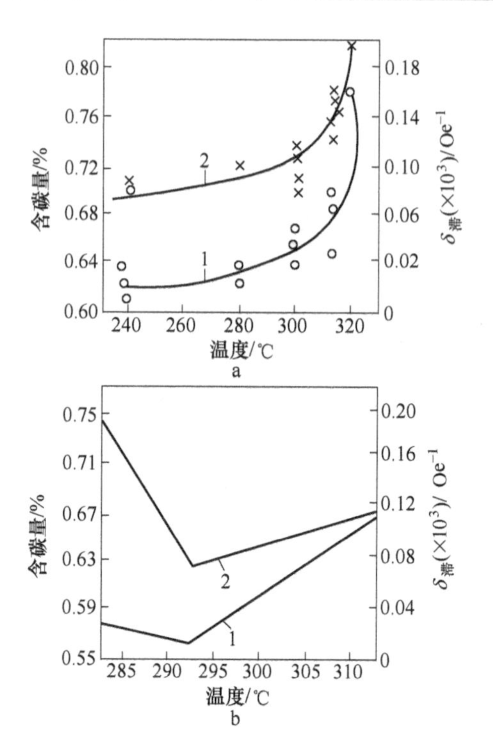

图 4-23　在标准制度与降温制度下，上部与下部温度对于碳及磁性能的影响

a—标准制度；b—降温制度

表 4-4　羰基铁粉末的性能与制造制度的关系

工业制度	平均粒度 /μm	化学成分/%		相对质量因素 Q	磁导率 μ /Gs·Oe^{-1}	初始磁导率 $\mu_{初}$ /Gs·Oe^{-1}	损耗系数	
		C	N				磁滞 $\delta_{滞}\times10^3$ /Oe^{-1}	频率 $\delta_{频}\times10^3$ /Hz^{-1}
来自过滤器的粉末								
标准	2.2~2.8	0.73~0.80	0.81~0.95	2.03~2.08	2.98~3.06	11.2~12.2	0.11~0.18	0.47~2.20
降温	2.8~3.1	0.55~0.57	0.54~0.56	2.00~2.04	2.97~3.01	11.4~12.3	0.03~0.09	0.25~0.55
对流	4.5~5.0	0.90~0.92	0.95~1.06					
来自热分解器的粉末								
标准	3.3~4.3	0.89~0.99	0.81~0.98	1.94~1.97	3.02~3.07			
降温	3.8~4.2	0.69~0.77	0.61~0.65	1.85~1.87	3.02~3.03			
对流	5.8~6.6	0.82~1.00	0.92~1.06					

（1）标准生成制度。工业上五羰基铁热分解器的各个温度区域为：上部温

区 295~300℃；中部温区 305~310℃；下部温区 310~345℃。热分解的下部温度较高是保障五羰基铁的完全热分解。添加氨气数量是 1L 五羰基铁液体需加入 40L 氨气。表 4-3 列出了标准制度下制备羰基铁粉末的性能。改变热分解器下部的温度，从而改变羰基铁粉末的化学成分，可以将热分解器沉积粉末中碳的含量从 0.86%减低到 0.72%。将过滤器捕集的粉末含碳量从 0.90%降低到 0.62%。粉末的电磁参数也得到了改善，使得粉末的磁滞损耗系数减少，如图 4-23a 所示。

（2）降温制度。热分解器的温度是沿着高度至上而下地降低，可以阻止上升气流的速度及强度。在热分解器各个温区之间保持梯度 12~15℃时，获得粉末含碳量和磁滞损耗都减少，如图 4-23b 和表 4-3 所示。该方法 20 世纪 60 年代使用于工业生产，粉末主要应用于无线电技术。

（3）对流制度。在热分解器中强化上升对流时，由于强化气流的循环作用，使得生成羰基铁粉末颗粒，在热分解器中滞留时间增加，有利于颗粒长大，获得大颗粒的羰基铁粉末。对流制度的特点是：输入羰基铁的数量比标准制度下减少一半，热分解器的上部与下部温度较低（$t_5=t_2=270\sim280$℃），而中部温度较高（$t_3=280\sim290$℃），热分解器中压力为 200~250mmHg。直径为 0.75m 的热分解器，羰基铁液体流量 5~6L/h，获得羰基铁粉末的性能见表 4-5。

表 4-5 羰基铁粉末的性能

序号	热解器温度/℃			化学成分/%		热分解器粉末粒度分析													挂壁料/%
						球形颗粒							团聚颗粒						
	上 t_5	中 t_3	下 t_2	C	N	直径/μm	粒度/μm（粒度含量/%）					最大粒度	粒度/μm（粒度含量/%）					最大粒度	
							<3	4~5	6~8	9~10	>10		<3	≥5	6~8	9~10	>10		
1	255	270	260	0.9	1.03	5.7	43.5	13.1	5.7	0.3		10	37.0	19.3	10.1	4.8	2.8	16	24.6
2	255	270	260	1.0	1.15	7.4	30.1	20.5	11.8	6.4		10	31.2	14.6	8.7	2.5	5.0	20	39.1
3	260	270	260	1.0	1.00	6.0	35.0	18.4	25.2	4.9	0.3	12	15.0	6.0	5.0	1.5	1.6	15	15.6
4	270	280	270	0.9	0.95	6.6	21.4	22.7	35.6	3.5	0.2	12	11.0	3.5	5.0	2.4	0.1	12	12.0
5	270	280	270	0.9	0.92	6.0	27.0	23.0	33.0	5.9		9	10.0	5.9	2.8	0.6	0.6	12	7.5
6	280	290	280	1.0	1.06	5.8	34.3	21.1	19.3	2.6		10	22.0	11.4	7.5	2.5	0.9	15	11.5

（4）添加氨气的影响。羰基铁热分解过程中加入氨气，主要是改善粉末的成分及颗粒形状。在热分解过程中没有加入氨气时，铁粉末中含有游离碳，将大大地减少粉末中具有鳞片状结构的颗粒。颗粒碎片相对含量达 22%，粉末质量急剧下降。图 4-24 列出了氨气对于粉末的影响。一般羰基铁粉末中含有 N 大于 0.6%时，粉末颗粒中明显看到鳞片结构，出现这种结构时，相当于 1L 五羰基铁液体热分解中加入 40~50L 氨气。

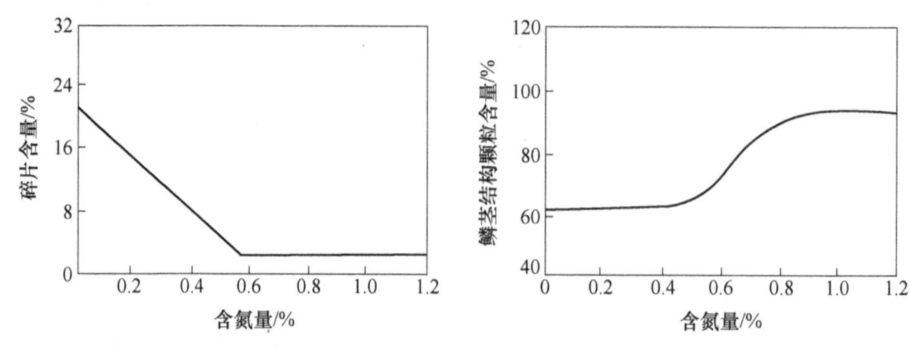

图 4-24　含氮量对于粉末结构及碎片含量的影响

（5）添加有机物的影响。为了增加粉末的分散度，在热分解时添加起爆添加剂，可以促使产生大量的结晶核心，从而获得颗粒小且具有高分散度的粉末。已经使用的起爆剂列入表 4-6 中。标准条件下，起爆物质的加入量为 1L 五羰基铁液体中加入 10~25mL。当起爆剂与羰基铁的沸点相近时，将添加剂溶入羰基铁液体中；如果沸点相差很大时，添加剂要经过单独的蒸发器加入。

表 4-6　添加剂参与下，羰基铁的热分解（液体羰基铁 6~7L/h，氨 250L/h）

添加剂	沸点/℃	加入量/mmL·h^{-1}	热分解温度			粒度/μm	粒度/μm		成分/%		
			上	中	下		1	3	C	N	Si
			t_5	t_3	t_2		含量/%				
	104		275	285	270	2.7	51	79	0.66	0.72	
	104		275	285	270	3.0	42	73	0.62	0.70	
	104		260	270	265	3.3	39	74	0.57	0.57	
$(C_6H_5)_2O+(C_6H_5)_2$	259	10	275	285	270	3.1	37	75	0.56	0.50	
	259	100	275	285	270	2.6	44	76	0.64	0.62	
	259	250	275	285	270	2.5	38	70	0.62	0.59	
$(C_6H_5)_2CH_2$	261	100	260	270	270	3.0	45	79	0.57	0.58	
$(CH_3)_2(CH_2)_2$	174	100	260	270	270	3.2	39	75	0.57	0.56	
$C_6H_5CH_3$	110	100	260	270	265	3.1	50	70	0.58	0.59	
$C_6H_4(CH_3COO)_2$	282	100	260	270	265	3.6	40	64	0.80	0.60	
$C_2H_4Cl_4$	146	10	260	270	260	≤1					
$C_3H_5(CH_3COO)_3$	260	10	260	270	270	2.8	52	61	0.58	0.56	
$(C_2H_5O)_4Si$	165	125	260	270	265	2.3	39	74	1.00	0.67	0.35
$(C_2H_5O)_3SiH$	108	14	260	270	265	2.5	71	83	0.64	0.58	0

续表 4-6

添加剂	沸点/℃	加入量/mmL·h⁻¹	热分解温度			粒度/μm	粒度/μm		成分/%		
			上	中	下		1	3	C	N	Si
			t_5	t_3	t_2		含量/%				
$C_2H_5Cl_2SiH$	75	200	260	270	265	≤1					
$C_2H_5Cl_2SiH$	75	14	260	270	265	2.3	68	80	0.57	0.51	0.09
$CH_3C_2H_5SiCl_2$	100	12	260	270	265	2.5	65	81	0.60	0.58	0

4.6 制备羰基铁粉末的一些新方法

4.6.1 废气循环法

利用热分解过程中，生成的 CO 气体部分返回热分解器，实际上是加大稀释比。其作用是增加粉末的分散度，同时有利于获得超细颗粒。对于直径 1m 的热分解器，返回 CO：7m³/h，高分散度粉末收得率达到总量的 30%~40%（标准添加下为 15%~20%）。1969 年，该法应用于工业生产。

4.6.2 热分解过程中粉末的分离方法

在热分解器与过滤器之间安装旋风分离器系列如图 4-25 所示，从分解器排出的带有悬浮颗粒的 CO 气体，依次经过旋风分离器，并在每一个旋风分离器中

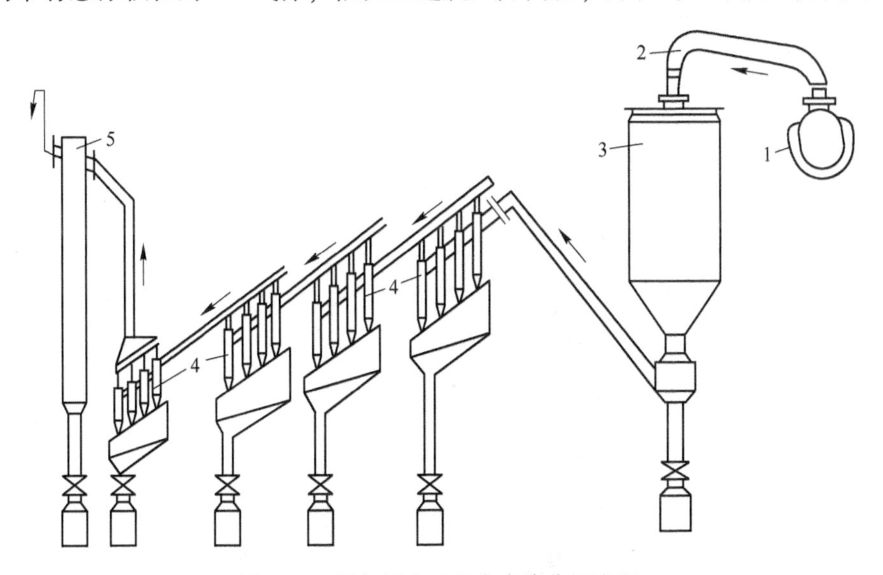

图 4-25 制备粉末过程中直接分级流程

1—羰基铁蒸发器；2—热交换器；3—热分解器；4—旋风分离器系列；5—套管式过滤器

沉积颗粒尺寸不同的粉末。最大粒度的沉积在第一旋风分离器，颗粒较小的沉积在以后的旋风分离器中。经过过滤器的 CO 气体洗涤后，返回到合成系统。表 4-7 列出了在标准状态下，利用旋风分离器制备羰基铁粉末的粒度组成。每一个分离器的粉末收得率如下：第一个旋风分离器为 14.2%~25.5%；第二个旋风分离器为 3.8%~7.2%；第三个旋风分离器为 1.3%~1.6%；而过滤器为 1%。第三个旋风分离器与过滤器收集的主要尺寸为 0.5~2μm，其收得率为气流输入旋风分离器中粉末总量的 5.0%~8.1%。该方法于 1967 年应用于生产。

表 4-7 旋风分离器收集粉末的粒度组成

收集点	序号	颗粒含量/%					团聚量/%	粒度/μm
		粒度/μm						
		<1	2	3	4	>5		
1 收集筒		51.96	22.97	12.42	7.26	5.28	41.55	2.70
		54.86	23.76	9.52	6.67	5.09	30.84	2.72
		48.52	23.24	15.98	6.52	8.20	38.02	2.76
		40.65	28.64	17.45	6.65	6.53	33.96	2.92
2 收集筒	1	57.70	28.50	9.40	2.70	1.70	26.10	2.12
	2	52.71	23.70	8.85	3.61	1.14	28.64	2.09
	3	50.47	32.58	10.42	5.25	1.16	27.13	2.25
	4	65.32	22.47	7.26	3.13	1.25	29.46	2.02
	5	41.43	21.36	17.65	6.85	2.38	28.41	2.60
3 收集筒	4	89.57	8.44	1.69	0.30	0.00	8.83	1.24
	1~7	71.77	21.81	4.5	1.48	0.50	22.39	1.77
过滤器	1~7	90.67	6.38	1.85	0.60	0.05	4.56	1.13

4.7 羰基铁铁粉后处理

刚刚获得的羰基铁粉末，需要经过钝化、筛分、球磨、还原、磷化等处理工序，最终才能形成不同规格和各种用途的羰基铁粉末产品。羰基铁粉末主要应用于电磁材料，粉末冶金材料及催化剂等。

4.7.1 羰基铁粉末的钝化处理

刚刚从分解器和分级器下部排出的羰基铁粉末的活性非常高，遇空气后容易着火。因此需要用氮气进行钝化处理，钝化时间至少需要 24h。钝化后的羰基铁粉末，经过球磨处理，将粘连的球形羰基铁粉末打碎，再经过筛分处理，去除羰基铁粉末中的絮状物，形成初级羰基铁粉末产品。

4.7.2 在较低的温度下 H_2 气退火

在较低的温度下 H_2 气退火，可以除去碳和氧。在 250℃ 下退火时，生成 CH_4；高于 600℃ 时，生成 CO 和 CO_2。退火后的羰基铁粉末中 C 与 O_2 含量平均不大于 0.08%。

利用含有铁镍的原料合成时，获得羰基铁与羰基镍的混合物，再热分解获得铁镍合金粉末，也可以制备铁-钴，铁-钼和铁-钨合金粉末。

4.7.3 羰基铁粉末的磷化处理

为了满足羰基铁粉末用于电磁材料方面的性能要求，改善羰基铁粉末的电磁性能，需要对羰基铁粉末做磷化处理。磷化羰基铁粉末是羰基铁粉经磷酸盐化处理而制成的。磷化处理是用正磷酸与丙酮混合溶液对羰基铁粉末进行磷酸化处理，磷化在开始时形成易溶解的磷化铁薄膜。

$$Fe + 2H_3PO_4 \xlongequal{} Fe(H_2PO_4)_2 + H_2$$

易溶解的单基取代磷酸盐在羰基铁表面与铁离子相互作用，并随后生成由不溶解于水的二、三代磷酸铁混合物构成的惰性保护层：

$$Fe(H_2PO_4)_2 + Fe \xlongequal{} 2\,FeHPO_4 + H_2$$

$$2FeHPO_4 + Fe \xlongequal{} Fe_3(PO_4)_2 + H_2$$

除了具有羰基铁粉末的特点外，其电磁性能更优于普通羰基铁粉末，可用于制造磁性材料。磷化铁粉中的磷酸根含量可根据下游用户要求不同，在 0.05%~10%之间波动，磷化羰基铁粉末规格见表 4-8。

表 4-8 磷化羰基铁粉末规格

牌号	化学成分（质量分数）/%				平均粒度 /μm	松装密度 /g·cm^{-3}	振实密度 /g·cm^{-3}
	Fe	P	C	N			
JTP	余量	0.05≤P≤10	≤1.0	≤1.0	≤4.0	1.0~3.0	2.8~4.6

4.7.4 羰基铁粉末的还原处理

由于羰基铁络合物的分解过程中，伴随有副反应发生，使得羰基铁粉末中含碳、氮、氧等杂质，导致羰基铁粉末的含量低于 99%。主要副反应有：

$$15Fe + 4CO \xlongequal{} Fe_3O_4 + 4Fe_3C + 591.8kJ/mol$$

$$8Fe + 2NH_3 \xlongequal{} 2Fe_4N + 3H_2 - 70.3kJ/mol$$

$$2CO \xlongequal{} C + CO_2 + 172.4kJ/mol$$

为了将羰基铁粉末的纯度提高到 99.5%以上，需要用氢气将羰基铁粉末中的碳、氮、氧杂质去除。本项目采用回转炉动态还原，羰基铁粉末固体物料与氢气逆流进行，使氢气与羰基铁粉末充分接触，既保证羰基铁粉末充分还原，又缩短了还原时间，提高了生产。

4.7.5　还原羰基铁粉末

还原羰基铁粉末是羰基铁粉末经高纯氢气高温还原而制成的。其产品纯度高，密度大，广泛应用于国防工业，硬质合金行业及粉末冶金工业中。

还原羰基铁粉末规格表见表 4-9。

表 4-9　还原羰基铁粉末规格表

型号	主要化学成分/%				平均粒度	松装密度	振实密度
	Fe	C	N	O	/μm	$/g \cdot cm^{-3}$	$/g \cdot cm^{-3}$
JTH	≥99.5	≤0.1	≤0.1	≤0.25	5~10	2.2~3.5	3.4~5.0

4.8　钢铁研究院羰基冶金实验室制取羰基铁粉末操作[10]

4.8.1　热分解工序的任务

热分解工序是利用五羰基铁低温分解特性，制备微米级羰基铁粉末。

4.8.2　开工前的准备

4.8.2.1　设备检查

(1) 检查热解炉各段远红外加热器、粉仓振打器、刮粉器、水（油）浴加热器的供电系统，使其处于备用状态。

(2) 检查热解炉的反吹过滤器电磁阀、尾气排放电磁阀及蒸发器通往热分解器的电磁阀，载带管路上的电动调节阀，使其处于备用状态。

(3) 检查循环水系统，使其处于备用状态。

(4) 全面检查送排风系统，使其处于备用状态。

(5) 检查尾气处理工序，使其处于备用状态。

4.8.2.2　通冷却水

(1) 开启循环水系统，使其正常运行。

(2) 打开热解炉及集粉仓冷却水进、出水阀门，确保热解炉冷却水正常供给。

4.8.2.3　水（油）浴中注水（油）

向水（油）浴蒸发器注入蒸馏水（导热油）至液位标高 2/3 左右。

4.8.2.4 气体置换

用0.05MPa的N_2置换残存在高位槽、蒸发器、热解炉直至尾气罐中的空气。气体置换时间不得低于1h。气体置换后，热分解系统保持正压：1~5kPa，以防空气进入热分解器引起爆炸。

4.8.3 羰基铁液体的导入

4.8.3.1 向高位槽加料

利用0.3MPa CO低压贮罐的压力，通过中控开启电磁阀及手动阀，将贮罐中羰基铁液体输送到高位槽中。控制手动调节阀的开度，以调解计量高位槽的进料速度和进料量，进料量达到液位标高2/3时停止进料。

4.8.3.2 向蒸发器加料与蒸发

打开高位槽的下料阀门，使羰基铁液体进入蒸发器，当羰基铁液体量达到蒸发器容积1/2时，停止加料。由中控室给蒸发器加热并保持温度在110~115℃。

4.8.4 热分解五羰基铁制取羰基铁粉末

4.8.4.1 热解炉升温及通入氮气保护

通过中控室给热解炉升温，开始时一定要低电流缓慢加温，待运行15~20min后，逐渐提高电流，加速升温速度，待温度达到设定值后（温度的控制及显示在中央控制室），稳定20~25min，准备热分解羰基铁。

在升温的同时要通入氮气保护，通入氮气的流量为20~30L/min。

4.8.4.2 蒸发器升温

羰基铁蒸发器的温度控制在110~115℃。

4.8.4.3 羰基铁粉末热分解制备

（1）洗炉。热解炉的温度达到后，开始载带羰基铁蒸气进行热分解，分解时间大约20min，停止载带五羰基铁并取出粉末，再换上新的装粉末桶。

（2）氨气的加入。为了改善羰基铁性能，羰基铁在热解过程中加入0.5%~3%（体积比）的氨气，起到钝化和抑制一氧化碳分解的作用，粉末在较低（室温状态）的温度下，对水分及氧敏感性小。生产中使用一般工业用氨气即可。

（3）开始热分解制备羰基铁粉末。洗炉完成后，首先将一定的氮气（20~

30L/min）通入热分解器中，使热分解器维持正压，热分解器内压力一般控制在1~5kPa。停止通氮气后，按照设定的条件通入羰基铁蒸气和氨气。

在热分解过程中不断的观察温度、羰基铁蒸气流量、氨气流量及炉内压力等参数。

（4）排放尾气及反吹。根据热解炉内的前后压差（3~5kPa），联锁中控放空阀门的开关，实现对过滤器的脉冲式反吹，以达到调解热解炉内部压力。

（5）振荡器及刮粉器。热分解过程中，每隔15min开启振荡器及刮壁器。刮壁器运行后，一定要提到最高位置。

4.8.5 出炉

4.8.5.1 停止载带

应先停止羰基铁蒸气进入热解器；再停止热解炉加热，关闭氨气，刮粉器再运行2~3次。但是炉内依然保持正压（CO或N_2），待残留在炉内的羰基铁气体完全热分解后（大约30min），清扫料仓内的粉末。

4.8.5.2 充N_2保护

停止热分解后，热解炉内立刻充入氮气，热分解器内保持压力为3~5kPa。以防止空气进入热分解器，引起羰基铁粉末氧化。

4.8.5.3 出粉末

将料仓内的羰基铁粉末清扫到收粉桶中，卸下收粉桶，将羰基铁粉末进行过筛处理。

4.8.6 停炉

当热分解完全停止时，停电、停水、停气。

参考文献

［1］Бёлозерский Н А，Карбонилй Металлов. Москва：Научно. тёхничесоеиздательства，1958：35~45.

［2］БСыркин. Карбонильные Металлы. Москва：Метллургия，1978：111~117.

［3］滕荣厚，赵宝生. 羰基法精炼镍及安全环保［M］. 北京：冶金工业出版社，2017.

［4］金志和. 羰基铁粉末的制造工艺及特殊性能［J］. 粉末冶金工业，1995，5（29）：169~

173.
[5] 王炳根，气相沉积法制取包覆粉末 [J]. 中国钼业，1996，20 (5)：16~20.
[6] 钢铁研究总院羰基实验室研究报告. 羰基镍气相沉积镀膜研究，1970-8.
[7] 钢铁研究院总羰基实验室研究报告. 微米级羰基铁粉末的制取，1980-8.
[8] 滕荣厚. 金属磁性液体的制备及特性的研究 [C] //第一届全国金属功能材料会议，1997，9：16~21.
[9] 滕荣厚. 浅谈磁性液体 [J]. 粉末冶金工业，2001 (5)：48~49.
[10] 钢铁研究总院羰基实验室研究报告. 羰基铁粉末制取操作规程，2000-2.
[11] 柳学全，滕荣厚. 粉末冶金手册 [M]. 北京：冶金工业出版社，2012.

5 羰基法精炼铁的产品及其应用

5.1 羰基法精炼铁产品的发展过程[1,2]

从欧洲人在煤气灯罩里面发现有铁的涂层镜面以来，到发现羰基铁络合物，直到掌握羰基法精炼技术来制取各种产品，已经有一百多年的历史，百年不衰必有独到之处。

5.1.1 回顾羰基法精炼铁产品起源

在 19 世纪末期，当人们还不了解羰基铁络合物的时候，人们就发现在煤气灯罩上面有一层铁的镀层，称作《镜子面》。唯独有偶，人们在砖窑内也发现铁镀层。这个现象告诉我们：羰基铁络合物在一定温度下可以分解；羰基铁络合物热分解后可以得到铁。这个现象也启发人们对于羰基铁络合物热分解产物利用的兴趣。

真正最早利用羰基法精炼铁产品的应该是德国人。德国的巴斯夫股份公司（BASF SE-Badische Anilin- Und-Sada-Fabrik，巴登苯胺苏打工厂）是世界上最早开发利用羰基铁粉末的。在 19 世纪初，第二次世界大战前巴斯夫股份公司利用高压羰基法合成羰基铁络合物，然后生产羰基铁粉末做磁性材料。二次世界大战德国战败后，德国的羰基铁工厂被美国征收，从此美国也生产羰基铁粉末。加拿大 INCO 公司也生产羰基铁粉末和铁镍合金粉末。俄罗斯从 1953 年开始生产羰基铁粉末。中国从 1958 年开始生产羰基铁粉末。进入 20 世纪后，羰基铁粉末的生产在世界各地开花。

5.1.2 羰基法精炼铁产品国内外概况[3,4]

自从 1889 年蒙德（Ludwig Mond）和兰格尔（Carl Langer）发现羰基镍以来，又于 1891 年发现羰基铁。羰基法精炼铁始于德国，于 1924 年羰基法精炼铁产业化。后来由美国控制生产。1953 年，俄罗斯开始工业化生产羰基铁粉末。加拿大 INCO 国际镍公司生产羰基铁镍合金丸，其原材料来源于羰基镍精馏后的羰基铁与羰基镍残留混合液体（羰基铁：羰基镍 = 7：3）。羰基铁可以制成纳米级粉末、微米级、铁丸、合金、包覆膜。中国于 1958 年由化学工业部北京化工研究院开始研究羰基铁的合成及热分解技术，解决中国在工业上的急需。后来迁到陕西兴化化学股份有限公司，是我国最早建立的羰基铁工厂，其产品在国内一直处于领军地位。20世纪80年代核工业部857厂生产羰基铁粉末（现为四川江油核宝纳米材料有限公司）。进入21世纪，羰基法精炼铁事业获得快速发展，广东中山岳龙超细金属材料有限公司羰基铁厂、江苏天一超细金属粉末有限公司、吉林吉恩镍业股份有限公司及金川集团有限公司开始大规模产业化。按着实际消耗量，据估计中国羰基铁粉末实际产量达到5000t左右。全世界羰基铁粉末产量在6万吨左右。

羰基铁粉末应用于粉末冶金制造机械、汽车、拖拉机、摩托车、轴承零件；注射成型-计算机、手机、钟表、医疗器具电子材料；微波吸收材料、屏蔽材料、电磁干扰材料、软磁材料——磁性流体、磁流变材料、磁芯、磁性封条、磁体、密封材料、阻尼材料；硬质材料——人造金刚石、高比重弹头、切割工具、金刚石黏接剂、钻井钻头；医药——磁性医药；补铁剂农业——改良土质、优化种子；食品添加剂。

5.2　羰基法精炼铁产品的分类方法[5]

由于羰基法精炼铁产品的种类繁多，应用范围广，目前无法统一规范分类方法。但是，产品归纳起来大致可以分成如下几个类型。

5.2.1　按照羰基法精炼铁材料产品的几何形状分类

（1）零维材料：纳米、微米级颗粒羰基铁粉末。

（2）一维材料：针状铁、链条丝状铁。

（3）二维材料：铁薄膜（纳米薄膜、微米薄膜）、致密薄膜、多孔薄膜等。

（4）三维材料：丸状铁（铁丸、铁-镍合金丸）、泡沫多孔海绵铁。

5.2.2　按照羰基法精炼铁材料的成分组成分类

（1）单质铁成分材料：羰基铁粉末，薄膜，泡沫等。

（2）合金材料（铁-镍、铁-钴-镍）。

（3）铁氧体磁性材料。

（4）氮化物（Fe_3N）磁性材料：磁流体，阻尼材料。

（5）复合材料。

1）固体复合材料。包覆粉末、羰基铁粉末与橡胶复合体（磁性密封磁条）、羰基铁粉末与塑料、树脂制成吸收微波材料。涂覆碳纤维、磁卡。

2）固体-液体复合材料。磁流体、磁流变、磁性润滑油、微孔修复材料。

5.2.3　按照羰基法精炼铁材料属性在应用中的作用分类

（1）结构材料。具有结构材料性能（强度、硬度），在成套设备中独立执行功能的零件。如喷油嘴、含有轴承、汽车、飞机、枪械零件。

(2) 功能材料。利用材料的属性（声、光、电、磁性、吸收电磁波特性）。如精密合金、磁性材料、能源、石油钻探、火箭助燃材料、隐身材料等。

5.3　羰基法精炼铁产品种类及规格性质[3~9]

5.3.1　羰基铁粉末

5.3.1.1　纳米级羰基铁粉末

纳米级羰基铁粉末是利用羰基铁络合物进行热分解制取的，但是热分解的环境比较特殊。它既不在真空中，也不在惰性气体环境中，而是在油脂中。因为纳米级羰基铁粉末非常活泼，一遇到空气就会激烈氧化，甚至起火燃烧爆炸。所以，纳米级羰基铁粉末颗粒必须储存在油脂中，隔绝纳米羰基铁粉末颗粒与氧气接触。钢铁研究总院羰基金属实验室研制磁性流体，将羰基铁络合物气体在液体油脂中进行热分解，制取纳米级羰基铁粉末。例如：磁流体材料中纳米级羰基铁颗粒（如图 5-1 所示）和氮化铁颗粒（如图 5-2 所示）。粒度分布列入 X 光小角度散射报告中（如图 5-3 所示）。

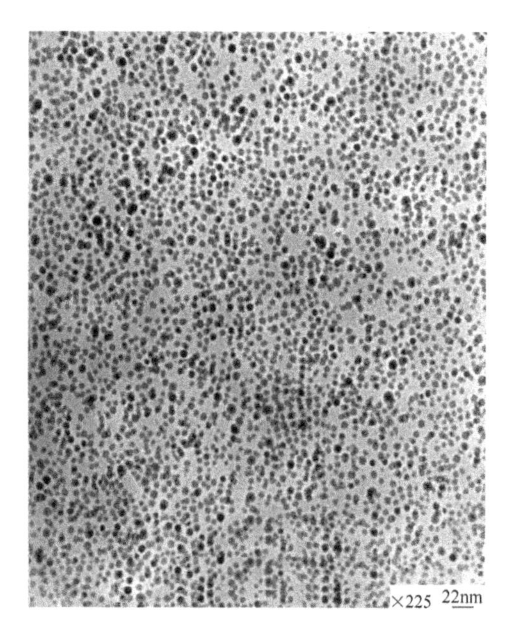

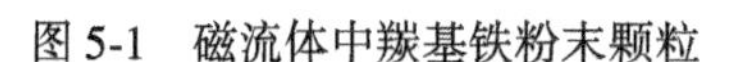

图 5-1　磁流体中羰基铁粉末颗粒

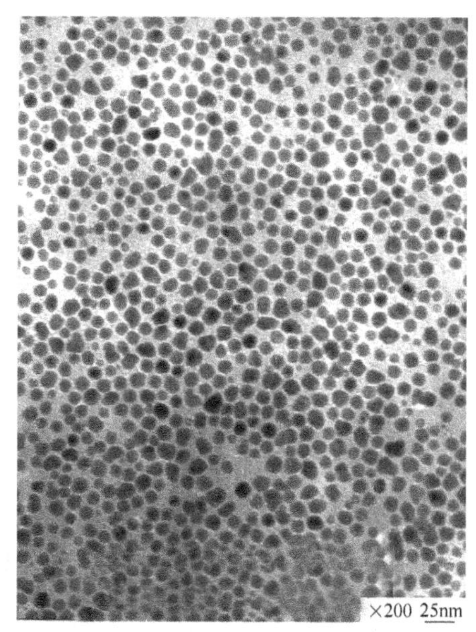

图 5-2　磁流体中氮化铁粉末颗粒

5.3.1.2 中国制取的微米级羰基铁粉末

利用羰基铁络合物热分解制取微米级羰基铁粉末，热解器内部的气氛通常为一氧化碳气体或者是惰性气体（一般是氮气）。羰基铁粉末进入热解器料仓后经过钝化处理，筛分后密封包装。中国各厂家生产的羰基铁粉末，已经全部按国家颁布标准。

X光小角散射报告单

检验依据标准 GB/T 13221 1995年8月9日

样品代号：Fe磁流体 U95625 送样单位：钢铁研究总院新材料研究所

实验条件：3014 X光衍射光谱仪－Kratky小角测角仪 射线：$Co_{K\alpha}$

负荷：35kV 20mA

狭缝：70μm 0.3mm 0.05mm

D(nm)	WW	(O/O)
1-4	2.953	8.8
4-8	15.466	61.8
8-16	3.569	28.5
16-30	0.057	0.7
30-50	7E-03	0

MEAN SIZE D=7.5(nm)

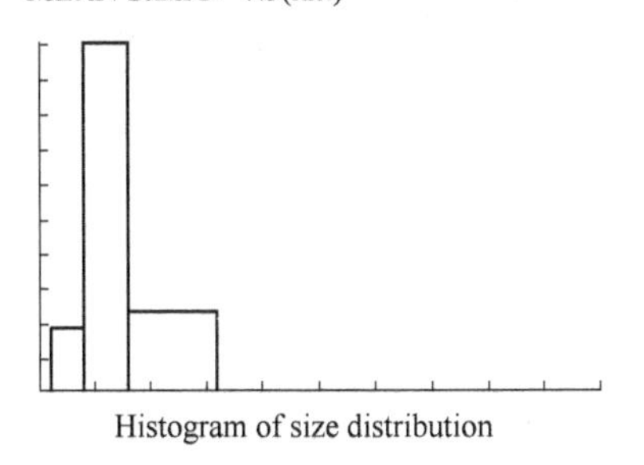

Histogram of size distribution

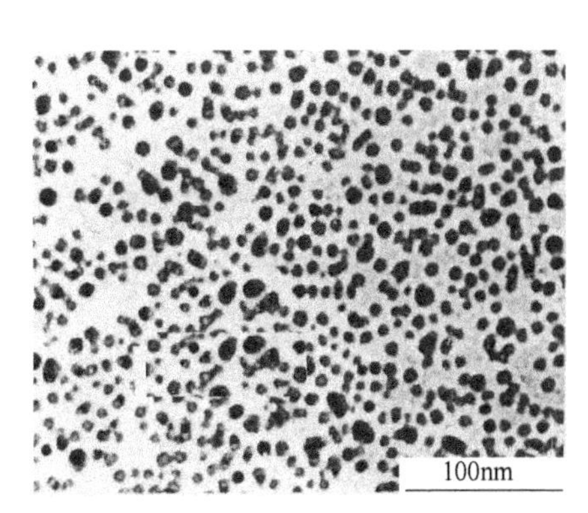

TEM Micrograph

注：此计算结果均以个数为权，粒度分布及平均粒度均不包括大于280nm粒度的贡献

a

X光小角散射报告单

检验依据标准　GB/T 13221　　　1995年8月9日

样品代号：Fe_3N磁流体 FN80325　　　送样单位：钢铁研究总院新材料研究所

实验条件：3014 X光衍射光谱仪－Kratky小角测角仪　　　射线：$Co_{K\alpha}$

负荷：35kV　20mA

狭缝：70μm　0.3mm　0.05mm

D(nm)	WW	(O/O)
1−4	2.401	7.2
4−8	5.439	21.7
8−16	7.994	63.9
16−30	0.457	6.3
30−50	0.045	0.8

MEAN SIZE *D*=10.9(nm)

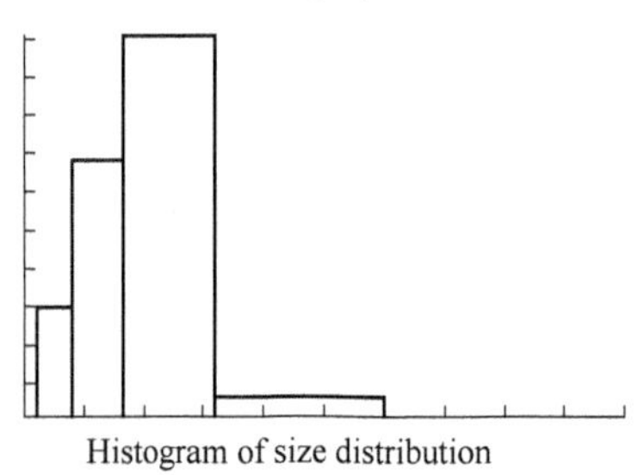

Histogram of size distribution

100nm

TEM Micrograph

注：此计算结果均以个数为权，粒度分布及平均粒度均不包括大于280nm粒度的贡献

b

图 5-3　X 光小角度散射报告

a—Fe 磁流体；b—Fe_3N 磁流体

（1）微米级羰基铁粉末国家标准。国家标准微米级羰基铁粉末物理性能见表 5-1。

表 5-1 国家标准微米级羰基铁粉末物理性能

牌号	化学成分（质量分数）/%					说明
	Fe	P	C	O	N	原始粉末
MCIP-J-1	≥97.0		≤1.0	≤1.0	≤1.0	原始粉末
MCIP-J-2	≥97.0		≤1.0	≤1.0	≤1.0	原始粉末
MCIP-J-3	≥97.0		≤1.0	≤1.0	≤1.0	原始粉末
MCIP-J-4	≥97.0		≤1.0	≤1.0	≤1.0	原始粉末
MCIP-J-5	≥97.0		≤1.2	≤1.2	≤0.6	原始粉末
MCIP-H-6	≥98.5		≤0.1	≤0.4	≤0.1	还原粉末
MCIP-H-7	≥99.5		≤0.1	≤0.3	≤0.1	还原粉末
MCIP-P-8	余量	10≥P≥0.5	≤1.0	≤0.3	≤1.0	磷化粉末

国家标准微米级羰基铁粉末化学性能见表 5-2。

表 5-2 国家标准微米级羰基铁粉末化学性能

牌号	松装密度 /g·cm^{-3}	摇实密度 /g·cm^{-3}	平均粒度 /μm
MCIP-J-1	1.0~2.8	2.8~4.0	1~3
MCIP-J-2	1.0~3.0	3.0~4.5	2~3
MCIP-J-3	1.0~3.0	3.0~4.5	3~4
MCIP-J-4	1.0~3.2	3.0~4.5	4~5
MCIP-J-5	1.0~3.2	3.0~4.5	5~6
MCIP-H-6	1.5~3.0	3.0~4.5	≤5
MCIP-H-7	2.2~3.2	3.4~4.6	5~10
MCIP-P-8	1.0~3.0	2.8~4.5	≤7

（2）中国生产羰基铁粉末。中国各公司批量生产具有不同物理化学性能的羰基铁粉末，已经成熟应用于不同专业领域。归纳羰基铁粉末牌号及性能，共分四类。

1）A 类羰基铁粉末物理及化学性能。A 类羰基铁粉末物理及化学性能见表 5-3。

表 5-3　A 类羰基铁粉末物理及化学性能

牌号	粒度/μm	化学成分/%			电磁性能	
		Fe	C	N	品质因素 Q	有效电磁率/%
DF-5	≤3.5	≥97.0	≤1.0	0.5~1.0	≥1.75	≥2.85
DF-10	≤3.0	≥97.0	≤1.0	0.5~1.0	≥0.95	≥1.35

磷化羰基铁粉末

牌号	粒度/μm	Fe	C	N	P	Q	mj
LDT10	≤3.5	≥97.0	≤1.0	0.5~1.0	≤0.1	≥1.80	≥2.85
LDT20	≤3.5	≥97.0	≤1.0	0.5~1.0	≤0.1	≥1.85	≥2.85
LDT50	≤3.0	≥97.0	≤1.0	0.5~1.0	≤0.1	≥1.15	≥1.55

还原羰基铁粉末

牌号	粒度/μm	Fe	C	N	O	松装密度/g·cm^{-3}	摇实密度/g·cm^{-3}
HT-1	5~8	≥99.5	≤0.1	≤0.1	≤0.3	2.2~3.2	3.4~4.5

牌号	Fe	Cu	硫化物	水溶物	N 化物	硫酸不溶
HT-2	≥98.0	<0.005	≤0.06	≤0.03	≤0.0050	≤0.1

2）B 类羰基铁粉末物理及化学性能。B 类羰基铁粉末的化学成分及物理性能见表 5-4 和表 5-5。

表 5-4　B 类羰基铁粉末的化学成分

牌号	化学成分/%			
	Fe	C	N	O
FTF-1	>96	1.5	0.3	1.5
FTF-2	>98	0.3	0.1	1.0
FTF-3	>96	1.2	0.5	1.5
FTF-4	>99	0.15	0.1	0.4
FTF-5	>90	<1.3	<0.5	<0.8

表 5-5　B 类羰基铁粉末的物理性能

牌号	物理性能			
	粒度/μm	松装密度/g·cm^{-3}	摇实密度/g·cm^{-3}	应用
FTF-1	3~5	1.0~2.0	2.5~4.0	冶金
FTF-2	3~5	1.5~2.5	2.5~4.0	
FTF-3	1~3.5	0.6~1.5	1.5~3.0	
FTF-4	5~8	2.2~3.2	3.0~4.5	
FTF-5	2.5~4.5	0.8~1.8	0.1~0.8	

3）C 类羰基铁粉末物理及化学性能。C 类羰基铁粉末的化学成分及物理性能见表 5-6 和表 5-7。

表 5-6 C 类羰基铁粉末的化学成分

牌号	用途	Fe	C	N	O
1YDE	电磁材料	>97.5	<1.0	<1.0	<0.4
2YZE		>97.5	<1.0	<1.0	<0.4
3YKE		>97.5	<1.0	<1.0	<0.4
4RZE		≥99.5	≤0.05	≤0.01	≤0.2
5RXE		≥99.5	≤0.05	≤0.01	≤0.2
6YZF	注射成型	>97.8	≤0.9	≤0.9	≤0.4
7YXF		>97.5	≤0.9	≤0.9	≤0.5
8RZF		≥99.5	≤0.05	≤0.01	≤0.2
9RXF		≥99.5	≤0.05	≤0.01	≤0.2
10YZ	金刚石	>97.8	≤0.9	≤0.9	≤0.4
11YX		>97.5	≤0.9	≤0.9	≤0.4
12RD		≥97.5	≤0.05	≤0.01	≤0.2
13RZ		≥99.5	≤0.05	≤0.01	≤0.2
14RX		≥99.5	≤0.05	≤0.01	≤0.2
15YW1	微波吸收	>97.5	≤0.9	≤0.9	≤0.6
16YW2		>97.5	≤0.9	≤0.9	≤0.6
17YW3		>98	≤0.7	≤0.7	≤0.4
18YW		≥97.0	≤1.0	≤0.8	≤0.6
19RW		≥99.5	≤0.05	≤0.01	≤0.2

表 5-7 C 类羰基铁粉末的物理性能

牌号	用途	粒度/μm	松装密度/$g \cdot cm^{-3}$	摇实密度/$g \cdot cm^{-3}$
1YDE	电磁材料	2.4~5.0	1.8~3.0	≥4.0
2YZE		3~4	1.6~2.6	≥3.7
3YKE		≤3	1.5~2.5	≥3.4
4RZE		5~7	2.0~3.0	≥3.5
5RXE		<5	1.6~3.0	≥3.5
6YZF	注射成型	3~5	1.8~3.0	≥4.0
7YXF		≤3	1.2~3.0	≥4.0
8RZF		≥5	2.0~3.0	≥4.0
9RXF		<5	2.0~3.0	≥4.0

续表 5-7

牌号	用途	粒度/μm	松装密度/g·cm^{-3}	摇实密度/g·cm^{-3}
10YZ	金刚石	3~5	1.8~3.0	≥4.0
11YX		<3	1.2~3.0	≥3.8
12RD		≥7	2.0~3.0	≥4.0
13RZ		5~7	2.0~3.0	≥4.0
14RX		≤5	1.5~3	≥4.0
15YW1	微波吸收	3.5~5	1.8~3.0	≥4.0
16YW2		2.8~3.5	1.2~3.0	≥4.0
17YW3		≤2.8	1.0~2.0	≥3.6
18YW		≤2.5	≤1	≥3
19RW		3~5	2.0~3.0	≥4.0

4）D 类羰基铁粉末物理及化学性能。D 类羰基铁粉末的化学成分及物理性能见表 5-8 和表 5-9。

表 5-8　D 类羰基铁粉末的化学成分

牌　号	Fe/%	C/%	O/%	P/%
YTF-01	≥97.5	≤0.8	≤0.4	
YTF-08	≥97.5	≤1.2	≤1.2	
YTF-01C	≥97.5	≤0.8	≤0.4	
YTF-CT	≥97.5	≤0.5	≤0.6	
YTF-GQ	≥97.5	≤0.6	≤0.6	
YTF-P1	≥97.5	≤0.9	≤0.9	≤0.1

表 5-9　D 类羰基铁粉末的物理性能

牌号	粒度/μm	松装密度/g·cm^{-3}	摇实密度/g·cm^{-3}	粒度分布		
				d_{10}	d_{50}	d/%
YTF-01	≤3.0	≥2.5	4.0~4.3	≥2.5	3.8~4.3	<5.2
YTF-08	≤3.0	≥2.0	3.2~4.0	≥3.0	5.7~6.0	<8.0
YTF-01C	≤3.0	≥2.2	3.5~4.3	≥4.0	5.5~6.0	<7.0
YTF-CT	≤2.5	≥2.0	3.5~3.8	≥1.5	2.2~2.5	<3.0
YTF-GQ	≤3.5	≥2.0	4.0~4.3	≥2.6	3.7~4.3	<5.0
YTF-P1	≤2.8	≥2.0	3.5~3.8	≥2.5	3.5~4.5	<4.2

5.3.1.3　国外羰基铁粉末

（1）俄罗斯羰基铁粉末。俄罗斯羰基铁粉末性能见表 5-10 和表 5-11。

表 5-10 俄罗斯羰基铁粉末

牌号	化学成分/%			物理性能	
	C	O	N	粒度/μm	松装密度/$g \cdot cm^{-3}$
P10	0.8~1.2	0.8~2.2	0.7~1.0	3.5	4.5
P20	0.7~0.9	0.8~1.2	0.6~0.9	2.5	4.3
P100	0.7~0.9	0.8~1.2	0.6~0.9	1.5	4.2
NC	0.7~0.8	0.8~1.2	0.5~0.8	2.2	4.4
K	1.0	0.4		0.5~1.2	
ЧМ	1.5	1.5		0.5~1.2	
ВКЖ	0.1			4	4.5

注：P：无线电；NC：有线电；K：催化剂；ЧМ：冶金。

表 5-11 苏联纯羰基铁粉末的化学成分

等级	N	Al	Ca	Si	Co	Mg	Cu	Mn	Pb	C	Cr	Zr	Ni
A-1				200×10^{-4}		$<2\times10^{-3}$	10×10^{-4}		$<10\times10^{-3}$	50×10^{-3}			30×10^{-3}
A-2				5×10^{-4}		0.1×10^{-3}	1×10^{-4}		$<1.0\times10^{-3}$	20×10^{-3}			0.2×10^{-3}
B-3	$<4\times10^{-3}$	0.1	5×10^{-4}	5×10^{-4}	1×10^{-4}	0.1×10^{-3}	1×10^{-4}	$<5\times10^{-5}$	$<1\times10^{-3}$	0.3×10^{-3}	$<3\times10^{-4}$		50×10^{-3}
灵敏度	$<4\times10^{-3}$	0.1	5×10^{-4}	0.5×10^{-4}	1×10^{-4}	0.05×10^{-3}	0.5×10^{-4}	5×10^{-5}	0.1×10^{-3}	0.5×10^{-3}	1×10^{-4}	3×10^{-4}	0.01×10^{-3}

（2）美国羰基铁粉末。美国 GAFG 公司羰基铁粉末化学成分见表 5-12 和表 5-13。

表 5-12 美国 GAFG 公司羰基铁粉末化学成分

牌号	化学成分/%				说明
	Fe	C	O	N	
GAFTH	>98.0	≤0.8	≤0.3	≤0.9	硬粉末
GAFE	>98.0	≤0.8	≤0.3	≤0.9	
GAFSF	>98.0	≤0.8	≤0.3	≤0.9	
GAFGQ-4	≥98.0	≤0.1	≤0.3	≤0.1	还原
GAFGQ-6	≥99	≤0.1	≤0.3	≤0.1	
GAFHPC	≥99.5	≤0.1	≤0.3	≤0.1	还原
GAFMRL	≥99.5	≤0.075	≤0.3	≤0.5	

表 5-13　美国 GAFG 公司羰基铁粉末物理性能

牌号	松装密度/$\mathrm{g \cdot cm^{-3}}$	摇实密度/$\mathrm{g \cdot cm^{-3}}$	平均粒度/μm	说明
GAFTH	2.2~3.2	3.4~4.5	3~5	硬粉末
GAFE	2.2~3.3	3.5~4.5	4~6	
GAFSF	2.0~3.0	3.0~4.0	3~4	
GAFGQ-4	2.0~7.0		4~6	还原
GAFGQ-6	1.2~2.2		3~5	
GAFHPC	2.2~3.2	3.0~4.0	6~8	还原
GAFMRL	2.2~3.2	3.4~4.0	6~9	

（3）德国 BASF 羰基铁粉末。

1）德国 BASF 羰基铁粉末的品种。德国 BASF 羰基铁粉末基本上分为：硬粉末（热分解原始粉末）、软粉末（还原或者退火处理）、复合粉末（磷化粉末、含有铜、碳）。主要有如下品种，OM：BASF 羰基铁粉末改进型，ON：普通型，CN：还原型，含有磷 5%、10%；HQ：超细型，含铜 15%，铁铜合金 25%。

2）德国 BASF 羰基铁粉末的特性。羰基铁粉末为洋葱状结构的近似圆球形状，具有微米级及超细颗粒粉末，颗粒不团聚链接分散充分，流动性好，粒度分布窄小，颗粒比较均匀，容易成型等特点。

3）德国 BASF 羰基铁粉末的典型应用。BASF-1 羰基铁粉末应用于电子元器件品种及性能见表 5-14，BASF-2 羰基铁粉末应用于微波吸收器件品种及性能见表 5-15，BASF-3 羰基铁粉末应用于注射成型器件品种及性能见表 5-16，BASF-4 羰基铁粉末应用于粉末冶金器件品种及性能见表 5-17，BASF-5 羰基铁粉末应用于金刚石工具见表 5-18，BASF-6 羰基铁粉末应用于微波、医学、食品品种及性能见表 5-19。BASF-6 羰基铁粉末可应用于涂料、合成金刚石、磁性油、印刷材料等。

表 5-14　BASF-1 羰基铁粉末应用于电子元器件

牌号	粒度 d_{50}/μm	Fe/%	C/%	N/%	O/%
EL	6	>97	0.6~0.9	0.6~0.9	0.1~0.3
EN	4	>97.8	0.8~0.9	0.8~4.0	0.2~0.4
ES	3	>97.8	<1.1	<1.1	<0.4
EW	3	>96.8	0.7~0.9	0.7~1.0	0.4~0.7
HF	1.7	>97	<1.0	<1.2	<0.7
HL	2.5	>98	<1.0	<1.0	<0.4
HM	3	>96.4	1.5~2.0	1.5~2.5	0.3~0.5
HS	2	>97.8	<1.0	<1.0	0.5

续表 5-14

牌号	粒度 d_{50}/μm	Fe/%	C/%	N/%	O/%
SD	7	>99.5	<0.05	<0.01	0.2
SL	9	>99.5	<0.05	<0.01	0.2
HQ	11	>97.5	0.8	0.8	0.5

注：ES：30~100MHz，Q 高；EW：5~13 MHz，Ca 为 0.7%，Q 高，高阻抗；HF：10~100MHz，Q 高；HM：HS 高；HS：10~60MHz，Q 高；SD，SL：MJ≤5；HQ：注射、电子、印刷。

表 5-15 BASF-2 羰基铁粉末应用于微波吸收器件

牌号	粒度 d_{50}/μm	Fe/%	C/%	N/%	O/%
EA	3	>97	0.8~1.1	0.8~1.2	0.4~0.7
EN	4	>97.8	0.8~0.9	0.8~1.0	0.2~0.4
EW	3	>96.8	0.7~0.9	0.7~1.0	0.4~0.7

注：EN：电子、金刚石；EW：电子。

表 5-16 BASF-3 羰基铁粉末应用于注射成型器件

牌号	粒度 d_{50}/μm	Fe/%	C/%	N/%	O/%
OM	4	>97.8	0.8~0.9	0.7~0.9	0.2~0.4
ON	4	>97.8	0.8~1.1	0.1~0.3	0.8~1.0
OR	6	>97.8	0.7~0.9	0.7~0.9	0.2~0.4
OS	4	>97.0	0.7~0.9	0.7~0.9	0.4~0.7
OX	4	>96.0	0.8~0.9	0.7~0.9	
CC	5	>97.5	<0.05	<0.01	<0.3

注：OM：金刚石、标准牌号；OR：金刚石；CC：减震。

表 5-17 BASF-4 羰基铁粉末应用于粉末冶金器件

牌号	粒度 d_{50}/μm	Fe/%	C/%	N/%	O/%
CL	9	>99.5	<0.05	<0.01	<0.2
CM	7	>99.5	<0.05	<0.01	<0.2
CN	6	>99.5	<0.04	<0.01	<0.2
CS	6	>99.5	<0.05	<0.01	<0.2
SM	2.5	>99.4	<0.1	<0.01	<0.5
SU	<2.0	>99.4	<0.1	<0.01	<0.5
CD	6	>99.5	<0.05	<0.01	<0.2

注：CM：减震；CS：金刚石、减震；SM：金刚石；SU：金刚石、还原；CD：减震。

表 5-18　BASF-5 羰基铁粉末应用于金刚石工具

牌号	粒度 d_{50}/μm	Fe/%	C/%	N/%	O/%
FeP3%	3	>95	0.5~0.8	0.6~0.8	0.3~0.5
FeP10%	5	>88	0.3~0.7	<0.1	0.4~0.6
FeCu15%	7	84~86	0.005~0.03	<0.2	0.1~0.3
FeCu25%	8	74~76	0.005~0.03	<0.2	0.1~0.3
S-Flakes	n. d	>99.5	<0.1	<0.05	<0.6

表 5-19　BASF-6 羰基铁粉末应用于微波、医学、食品

牌号	粒度 d_{50}/μm	Fe/%	C/%	N/%	O/%
EA	3	>97	0.8~1.1	0.8~1.2	0.4~0.7
EN	4	>97.8	0.8~0.9	0.8~1.0	0.2~0.4
EW	3	>96.8	0.7~0.9	0.7~1.0	0.4~0.7
OF	7	>98	0.8~1.1	<0.1	0.8~1.1
CF	6	>99.5	<0.04	<0.01	<0.2

注：OF，CF：其他元素<30ppm。

5.3.1.4　铁基合金粉末

利用羰基法精炼铁工艺制取铁基合金粉末，是将羰基铁络合物气体与其他羰基金属络合物气体进行充分混合后，进行热分解形成合金材料。铁原子与另外的金属原子进行气相结晶形成铁基合金。合金元素分布均匀，原子按照晶格点阵序列化，与熔融冶炼工艺获得的合金非常一致。因此，无论是作为结构材料或者功能材料都被广泛地应用。

铁基合金粉末通常是二元合金与三元合金。

（1）二元合金。在羰基法精炼镍的过程中，为了获得高纯度羰基镍络合物，要求从合成反应器中排除的羰基镍络合物［含有少量羰基铁与羰基钴络合物（体积分数，1%）］进行精馏。精馏后的残液体中，羰基铁络合物：羰基镍络合物=7∶3，也可以根据用户的要求进行配比。这种混合物经过热分解获得铁镍合金粉末。羰基铁-镍合金粉末的性能见表 5-20。

表 5-20　羰基铁-镍合金粉末的性能

牌号	化学成分/%				粒度/μm	用途
	Fe	C	O	Ni		
FFN-1	25~35	≤1.5	≤3	余量	0.5~2.0	微波吸收
FFN-2	60~70	≤1.5	≤3	余量	0.5~2.0	

续表 5-20

牌号	化学成分/%				粒度/μm	用途
	Fe	C	O	Ni		
FFN-3	20~30	≤0.1	≤0.5	余量	3~6	粉末冶金
FFN-4	30~40	≤0.1	≤0.3	余量	4~7	
FFN-5	60~70	≤0.1	≤0.3	余量	4~7	

（2）三元合金。通常是铁-钴-镍合金。按照合金元素比例，调配羰基络合物气体的配比进行热分解所获得的合金粉末。铁-钴-镍合金，该合金应用磁性材料，精密合金。

5.3.1.5 包覆粉末

利用羰基铁络合物低温热分解的特点，在核心的固体表面分解后析出金属铁沉积在核心固体表面。包覆铁壳的厚度是可以控制的。包覆的核心可以是金属或者非金属。要求核心材料在羰基铁络合物的热分解温度下（加热到 150~180℃时）保持原来的固体形状。包覆粉末主要有：金属为核心包覆粉末（铁-镍、铁-钨、铁-钼）；非金属为核心包覆粉末及空心粉末等。目前，包覆粉末产品的性能见表 5-21。

表 5-21 羰基铁包覆粉末的性能

名　　称	铁包覆量/%	核心粒度/μm	用　　途
铁包覆玻璃球	30~40	-105~+44	微波吸收
铁包覆云母	30~40	-105	
铁包覆金刚石	40~50	用户提供	切割工具
铁包覆金刚石	50~60	用户提供	
铁包覆多孔 SiO_2	纳米膜	SiO_2球体	催化剂

5.3.1.6 链条丝状材料

在外加磁场的环境下，五羰基铁络合物热分解时，能够获得类似丝线材料。丝线相互缠绕如一团乱麻，其显微形貌如图 5-4 所示。

5.3.2 薄膜材料

（1）单质薄膜。磁记录薄膜、磁卡、雷达波吸收材料。

（2）涂覆薄膜。

1）表面涂覆。可以在固体表面（平面、复杂形状薄膜）涂覆铁薄膜。也可

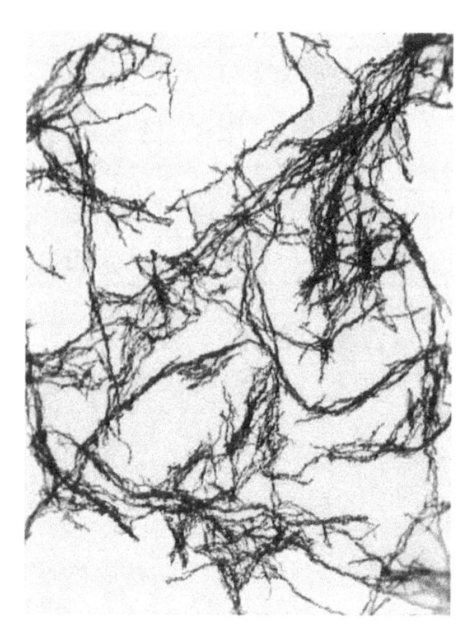

×10000

图 5-4　链条丝状材料

以在泡沫多孔材料内表面涂覆铁薄膜。表面的厚度能够调控，厚度均匀。

2）包覆。通过羰基铁络合物气相沉积方法获得包覆材料。被包覆的核心材料可以为金属、非金属及有机物等。被包覆的材料形态可以为粉末、纤维及大块材料。

（3）气相沉积复合薄膜。将羰基铁络合物与其他羰基金属络合物混合，获得合金薄膜。如羰基铁络合物与羰基镍络合物混合，羰基铁络合物与羰基镍络合物及羰基钴络合物混合。其成分比例按设计要求。

5.3.3　块状材料

（1）合金丸。铁镍合金丸，作为铁合金原料。铁镍合金丸来自羰基镍精炼厂。羰基镍络合物精馏后的残液。一般成分为铁 70%，镍 30%。

（2）海绵复合材料。铁沉降海绵体内表面形成海绵体复合材料。

（3）多孔过滤器。

5.3.4　混合掺合式复合材料

（1）粉末掺合。羰基铁粉末与塑料、橡胶及树脂掺合，制成磁性材料。

（2）液-固相复合材料。纳米级或者微米级羰基铁粉末，悬浮在液体中，如磁性流体及磁流变材料。

1）水基磁性材料：靶向材料，磁流体。

2）油基磁性材料：磁流变材料，磁流体材料。

3）流变体磁性材料：电器开关，机器人。

5.4 羰基法精炼铁材料的应用[3~6]

（1）粉末冶金。

1）传统粉末冶金工艺。粉末冶金工艺制取汽车、飞机、机械零件、高比重合金（生产穿甲弹弹芯）。

2）注射成型。注射成型工业应用：计算机、手机、钟表、医学。

（2）硬质合金黏结剂等。

1）金刚石工具。传统高性能金刚石工具采用成本昂贵的钴粉做基体。最近的研究和生产表明：使用羰基铁粉减少钴粉用量，也能达到相当高的性能。此外，对于传统的铁基金刚石工具，使用羰基铁粉能提高基体对金刚石的把持力，提高基体的耐磨性能。

2）人造金刚石。

3）金刚石工具。金刚石锯片、砂轮，黏结剂。

（3）化工催化剂。合成金刚石的触媒，有机合成等。

（4）机械。机械零件，精密仪器件，含油轴承。

（5）电磁材料。磁性材料、电子材料、软磁材料、高频线圈、磁芯、磁卡、磁流体、磁流变，动密封材料，磁性润滑油等。

铁粉芯：因为具有粒度小（10μm 以下）、活性大、形状不规则（洋葱头层状结构）等特点，羰基铁粉具有在高频和超高频下的高磁通率，也被广泛应用于制造磁性材料，在制作高频铁粉芯中有不可替代的作用。美国 Micrometals 公司是该领域内的标准制定者，该公司很多产品都是基于德国 BASF 公司提供的羰基铁粉制造的。

（6）隐身材料。羰基铁粉在国防领域的应用。根据资料表明：90 年代以后，对羰基铁粉吸波材料的研究非常迅速，有飞机、导弹、舰艇微波吸收剂。

（7）航空航天。通讯材料，火箭助燃剂等。

（8）农业。改良土壤，优化种子等。

（9）医药。定向靶向供药。

（10）食品。饲料添加剂，食品添加剂。添加剂营养补铁：美国 ISP 公司的羰基铁粉已经正式被美国药品管理监督局认可，可直接添加到食品中作为铁元素补给。目前的数据表明：羰基铁粉被人体吸收率超过 80%，远远超出目前使用的化合物铁补给物。同时，羰基铁粉的使用也不会造成铁元素摄入过量的中毒。

（11）环保。吸收有害气体，污水处理等。

（12）其他。气缸修复剂，复印机铁粉末，电动玩具等。

5.5　利用羰基铁精炼方法制取具有特异功能的材料

利用羰基铁精炼技术，制备具有特异功能的材料是该技术无与伦比的强势。例如：制取的纳米铁、镍、钴、钨、钼等金属的颗粒。不但粒度非常均匀，而且分散性也好。在磁性材料、隐身材料、食品及磁性靶向药剂方面应用中表现出非凡优越的特性。目前，羰基法精炼工艺制取的新材料独树一帜，是不可替代的独特产品。下面介绍几种具有独特功能的材料。

5.5.1　磁流体[7~9]

5.5.1.1　定义及特性

磁性液体（Magnetic Liquids），又称磁流体（Magnetic Fluids）、铁磁性流体（Ferromagnetic Fluids）、磁性胶体（Magnetic Colloids）。它是由纳米级（一般小于10nm）的磁性颗粒（Fe_3O_4、γ-Fe_2O_3、Fe、CO、Ni、Fe-CO-Ni 合金、α-Fe_3N 及 γ-Fe_4N 等），通过界面活性剂（羧基、氨基、羟基、醛基、硫基等）高度地分散，悬浮在载液（水、矿物油、酯类、有机硅油、氟醚油及水银等）中，形成稳定的胶体体系。即使在重力、离心力或强磁场的长期（5～8 年）作用下，不仅纳米级的磁性颗粒不发生团聚现象，保持磁性能稳定，而且磁性液体的胶体也不被破坏。这种胶体的磁性材料被称为磁性液体。

磁性液体它既有一般软磁体的磁性，又具有液体的流动性。磁性液体中的纳米级磁性颗粒比单畴临界尺寸还要小，因此它能自发达到饱和。同时由于粒子内部的磁矩在热运动的影响下任意取向，粒子呈超顺磁状态，因此磁性液体也呈超顺磁状态。一旦有外磁场的作用，则分子磁矩立刻定向排列，对外显示磁性。随着外磁场强度的增加，磁化强度也成正比的增加。达到饱和磁化后，磁场再增加时，磁化强度也不再增加。当外加磁场消失后，磁性颗粒立即退磁。几乎没有磁滞现象。其磁滞回线呈对称“S”形。这种具有液体流动性的磁性材料才是真正的磁性液体。

磁性液体的构成模型如图 5-5 所示。磁性液体的磁化曲线如图 5-6 所示。氮化铁磁性液体的结构如图 5-7 所示。磁性液体在磁场作用下的形态如图 5-8 所示。

5.5.1.2　磁性液体的组成及结构特征

磁性液体由三种成分组成，即基液或载液（见表 5-22）、纳米级的磁性固体颗粒（见表 5-23）以及包覆在纳米级磁性固体颗粒表面的界面活性剂（也称表界面活性剂或分散剂）（见表 5-24）。在通常的状态下呈胶体体系。为了改善磁性液体的性能常常还加入油性剂、抗氧化剂、防腐剂及增黏剂等。

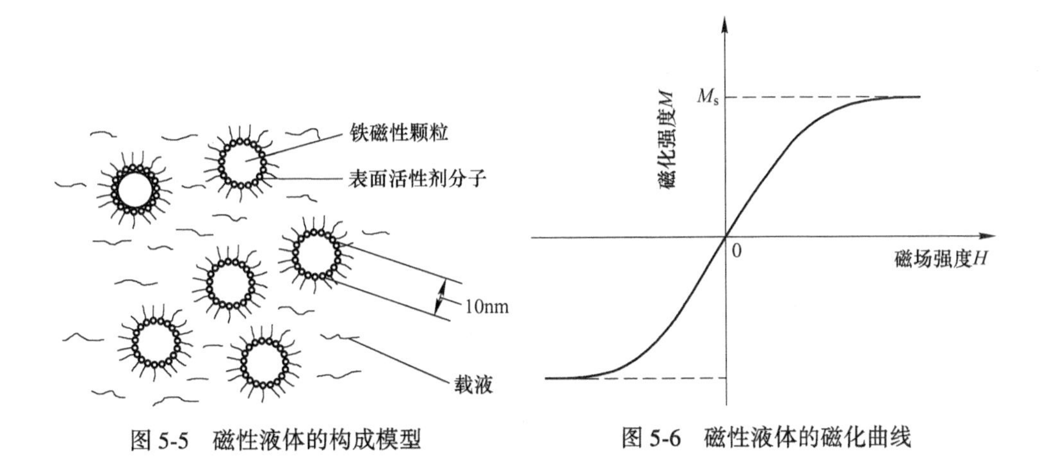

图 5-5 磁性液体的构成模型

图 5-6 磁性液体的磁化曲线

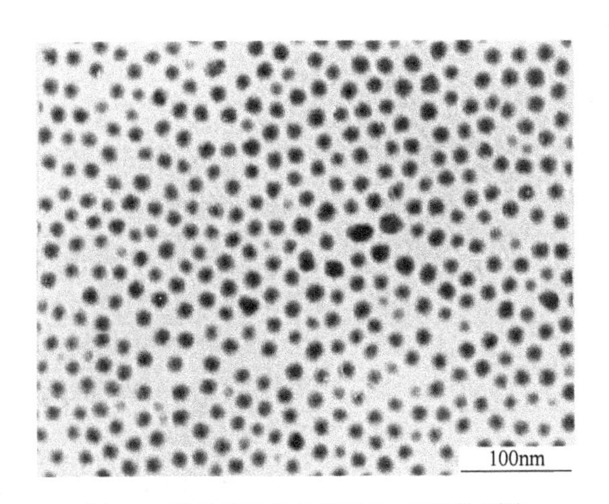

图 5-7 磁性液体的纳米级 Fe_3N 磁性颗粒

图 5-8 磁场作用下磁流体形态

表 5-22　磁性液体的载液

名　　称	磁性液体的特征和用途
水	用于医疗、磁性分离、磁显示、磁带及磁泡检测
酯及二酯	用于真空及高速密封、阻尼
硅酸盐酯类	低温密封
碳氢化合物	高速密封、阻尼
氟碳化合物	不溶于其他液体
聚苯基醚	真空及高速密封
水银	高饱和、导热良好的密封

表 5-23　磁性固体颗粒物质

名　　称	磁性固体颗粒物质
铁氧体磁性液体	Fe_3O_4、γ-Fe_2O_3、
金属磁性液体	Fe、CO、Ni、Fe-CO-Ni 合金
氮化铁磁性液体（金属间化合物）	α-Fe_3N 及 γ-Fe_4N
稀土铁磁流体	稀土磁性材料

表 5-24　适用的界面活性剂

载液名称	适用的界面活性剂
水	油酸、亚油酸、亚麻酸以及它们的衍生物、盐类及皂类
酯及二酯	油酸、亚油酸、亚麻酸、磷酸二酯及其他非离子界面活性剂
碳氢基	油酸、亚油酸、亚麻酸、磷酸二酯及其他非离子界面活性剂
氟碳基	氟醚酸、氟醚磺酸以及它们的衍生物、全氟聚异丙醚
硅油基	硅烷偶联剂、羧基聚二甲基硅氧烷、羟基聚二甲基硅氧烷、氨基聚二甲基硅氧烷、羧基聚苯基甲基硅氧烷、氨基聚苯基甲基硅氧
聚苯基醚	苯氧基十二烷酸、磷苯氧基甲酸

磁性液体的成分在胶体的体系中是均匀的。无论是在体系的纵向和横向取样分析其密度及成分几乎无变化。每一部分的性能都能够代表整个体系的性能。

5.5.1.3　磁性液体的基本特性

A　表征磁性液体的基本参数

磁性液体具有流体和磁性材料的双重特性。因此，表征磁性液体的基本参数都与载液、磁性颗粒以及界面活性剂的特性相关。在使用磁性液体时，常常遇到的基本参数有：饱和磁化强度 $4\pi M_S$（G_S）或 $10^{-4}T$（T）、密度（g/cm^3）、黏度（$\times10^{-1}$ Pa · s）、流动点（℃）(10Pa · s)、蒸气压（1.33×10^2Pa 时的沸点（℃））、初始磁化率（$4\pi\times10^{-7}$T · m/A）、表面张力（$\times10^{-5}$N/cm）、热传导系数（4×1868×10W/(m^2 · K)）、比热（$\times4.1868\times10^3$J/(kg · K)）、线膨胀系数（$\times10^{-4}$）等。

另外，根据一些特殊用途要求的特性。如耐寒特性、耐高温特性、抗气体和液体（酸、碱、盐溶液）的腐蚀特性。

下面介绍几个国家生产的磁性液体的性能及其应用。美国磁流体公司生产的磁性液体的性能（见表 5-25）、日本东北金属制作所生产的磁性液体的性能（见表 5-26）、俄罗斯磁性液体（见表 5-27）以及中国制备的磁性液体的性能（见表 5-28）。

表 5-25 美国磁流体公司的磁性液体的性能

代号	D01	H01	F01	E01	E03	A01	V01
基液	二酯	碳氢化合物	氟碳化合物	硅酯	硅酯	水	聚苯醚
$4\pi M_S$	200	200 400	100	600	200 400	200 400	100
密度	1.185	1.05 1.25	2.05	1.40	1.15 1.30	1.18 1.38	2.05
黏度	75	3 6	2500	35	14 30	7 100	7500
流动点	-37.2	4.4 7.2	-34.4	-62.2	-56.6 -56.6	0 0	10
蒸气压	149	76.6	182.2	40	149	20	260
初始磁化率	0.5	0.4 0.8	0.2	1.0	0.4 0.8	0.6 1.2	0.2
表面张力		28	18	21	26	26	
热传导系数		35	20	31	31	140	
比热		0.41	0.47	0.89	0.89	1.00	
线膨胀系数		5.0 4.8	5.9	4.5	4.5	2.9 2.8	
主要用途	真空密封				低温		高真空与耐辐射

注：密度（g/cm^3）、黏度（$\times10^{-1}$Pa · s）、流动点（℃）（10Pa · s）、蒸气压（1.33×10^2Pa）、初始磁化率（$4\pi\times10^{-7}$T · m/A）、表面张力（$\times10^{-5}$N/cm）。

表 5-26　日本东北金属制作所的磁性液体的性能

代号	W-35	HC-50	DEA40	DES40	N5-35	L-25	PX-10
基液	水	煤油	二酯	二酯	烷基	合成油	磷酸酯
外观	黑色液态	黑色液态	黑色液态	黑色液态	黑色液态	黑色液态	黑色液态
$4\pi M_S$	360±20	400±20	400±20	400±20	300±20	180±20	100±20
密度	1.35	1.30	1.40	1.40	1.27	1.10	1.24
黏度	30%±20%	30%±20%	200±20%	300±20%	100±20%	300±20%	
沸点/℃	100	180~212	335	377			240~260
流动点	0	-27.5	-27.5	-62	-35	-55	-35
引火点/℃		65	192	215	225	244	233
蒸气压			2.5	0.5	7×10^{-10} (20℃) 5×10^{-3} (150℃)		
主要用途	选矿	选矿现象液	旋转轴扬声器轴密封	旋转轴扬声器轴密封	真空密封	磁盘防尘密封	扬声器

表 5-27　米哈列夫磁流体的性能

样品名称	基油	相分析	M_S (G_S)	密度/g·cm^{-3}
俄—1	氯化硅油	Fe_3O_4	402	1.16
俄—2	氯化硅油	Fe_3O_4	492	1.33
俄—3	氯化硅油	Fe_3O_4	377	2.06

表 5-28　中国制备的磁性液体的性能

参数 \ 代号	D01	V01	S01	R2-250	FT-250	FM-300	79-2	MFe_3O_4-1
基液	二酯	聚苯醚	硅油	二酯	氟碳油	氟醚油	氟醚油	煤烟
外观	黑色	黑色	黑色					
$4\pi M_S$	300	200	300	350	250	300	374	375
密度/g·cm^{-3}	1.45	1.28	1.36	1.28	2.21		2.27	1.198
黏度 ($\times10^{-1}$) /Pa·s	100	735	500	102	3700		70000 80000	
沸点/℃		276~286						

续表 5-28

参数 \ 代号	D01	V01	S01	R2-250	FT-250	FM-300	79-2	MFe_3O_4-1
流动点		4. 4	-50					
蒸气压 (1.33×10^2) /Pa	4.4×10^{-7}	3×10^{-9}						
研制单位	中科院电工所	中科院电工所	中科院电工所	华北第三研究院	华北第三研究院	华北第三研究院	国营814厂	国营814厂
主要用途	密封	密封	密封	密封		密封	密封	

B 磁性液体的特性

磁性液体的特性是磁性颗粒、界面活性剂及载液性能的综合表征。作为一种特殊的胶体体系，磁性液体同时兼有软磁性和流动性，因此它具有特殊的物理特性、化学特性及流体特性。

C 物理特性

(1) 磁化特性。磁性液体中的磁性颗粒平均为十几个纳米，比单畴临界尺寸还小，因此它能够自发磁化达到饱和，由于颗粒内磁矩在热运动的影响下任意取向，磁性颗粒处于超顺磁状态，因此磁性液体也呈超顺磁性。当磁性液体置于磁场中时，分子电流磁矩整齐排列，微粒中各磁矩的矢量之和不等于零，显示出磁性。

(2) 热效应。磁性液体的饱和磁化强度随着温度的增加而减少，直至居里点时消失。利用这一现象，将磁性液体置于适当的温度和梯度磁场下，磁性液体就会产生压力梯度而流动。

(3) 声特性。超声波在磁性液体中的传播速度及衰减量与外加磁场强度有关且方向发生变化，超声波在磁性液体中的传播显示各向异性。

(4) 光学特性。由于磁性液体在磁场的表现像一个单晶体，因此磁性液体在磁场的作用下也会出现二向性现象，并在光的作用下产生双折射。

(5) 黏度特性。磁性液体的黏度是一个重要的参数。磁性液体的黏度取决于基液的黏度，磁性颗粒的含量以及与外加磁场有关。磁性液体具有牛顿流体的特性。其黏度可以用爱因斯坦公式计算。磁性液体的黏度还受到温度的影响，温度升高时，其黏度将会减小。在磁场的作用下，磁性液体的黏度将会明显的增加。

(6) 磁性液体的密度。在载液和表面活性剂固定的情况下，磁性液体的密度主要取决于纳米级磁性颗粒的含量。它是直接影响磁性液体的磁性和黏度的重要参数。

（7）界面现象。磁性液体的表面在外加磁场的作用下会产生变形。当外加磁场垂直于磁性液体的表面时，磁性液体的表面出现无数的“针形磁花”。“针形磁花”的方向与磁力线的方向相同。“针形磁花”随着磁场的增加而长大。当磁场力、磁性液体的表面张力和重力平衡时，“针形磁花”就会保持，不再长大。

另外，还有初始磁化率、表面张力、热传导数等物理特性。

D　化学特性

（1）磁性液体的胶体稳定特性。磁性液体的胶体稳定特性是指在强磁场和重力的长时间作用下不分层。磁性颗粒不析出、不团聚。磁性液体的胶体稳定特性直接影响到它的应用。

（2）磁性液体的抗氧化特性。磁性液体的抗氧化性，主要是指磁性颗粒的抗氧化性。对于金属磁性液体来说更为重要。因为金属磁性液体的磁性颗粒氧化后不但磁性能会大大地下降，而且也会导致磁性液体胶体体系的破坏。

（3）界面活性剂与母液及磁性颗粒的化学匹配特性。界面活性剂是磁性液体的主要成分之一，界面活性剂有阳离子型、阴离子型和两性界面活性剂。界面活性剂有两性机构，既有亲液性，又具有憎液性。界面活性剂的亲液基必须与基液的分子机构或理化特性相近似，才能和基液互溶。界面活性剂的憎液基与磁性颗粒结合，包覆在磁性颗粒的表面并分散在载液中，形成稳定的胶体体系。这里有界面活性剂分子与基液及磁性颗粒之间的物理交互作用，也有它们之间的化学作用。界面活性剂的选择、添加方式、添加量的多少都影响磁性液体的胶体稳定性。

（4）蒸发特性。磁性液体的寿命主要取决于基液和表面分散剂的蒸发率及饱和蒸气压的大小。为了获得长寿命的磁性液体，就要选择蒸发率低、蒸气压小的基液和表面分散剂。聚苯醚基磁性液体蒸发率低，使用时间长。

E　流体力学特性

磁性液体的流体力学特性可以用经 ROSENSWEIG 修正的伯努力方程来表示。

$$P + \frac{1}{2}PV^2 + PGH - \frac{1}{4\pi}\int_0^H M\mathrm{d}H = \mathrm{Const}$$

式中，P、V、ρ、H、M 分别为磁性液体的压力、流速、密度、离开基准面的高度、磁化强度以及外加磁场强度。表明流动中的磁性液体其压强能、动能、重力能和磁能四项之和为一常数。

5.5.1.4　磁性液体的种类

磁性液体的种类较多，分类的方法也各不相同。有的按应用分类，例如：密封、阻尼、磁性润滑等；有的按载液分类，例如：水质磁性液体、酯及二酯磁性液体、硅酸盐酯类磁性液体等。通常磁性液体按其磁性颗粒的种类来分类是常见的。一般可分为三类，但也有的分为四类。

（1）铁氧体磁性液体。铁氧体磁性液体是纳米级的铁氧体磁性颗粒（Fe_3O_4、$\gamma-Fe_2O_3$）通过界面活性剂分散在载液中形成的胶体体系。

（2）金属磁性液体。金属磁性液体是纳米级的金属磁性颗粒（Fe、Co、Ni 或 Fe-Ni、Fe-Co-Ni 等合金）通过界面活性剂分散在载液中形成的胶体体系。

（3）氮化铁磁性液体。氮化铁磁性液体是纳米级的氮化铁磁性颗粒（$\varepsilon-Fe_3N$、$\gamma-Fe_4N$ 及 Fe_8N）通过界面活性剂分散在载液中形成的胶体体系。

（4）稀土铁磁流体。稀土铁磁流体是纳米级的稀土铁磁磁性颗粒，通过界面活性剂分散在载液中形成的胶体。

5.5.1.5 磁性液体的制备方法

磁性液体的制备方法很多，其中利用羰基金属络合物（五羰基铁、四羰基镍、八羰基钴）热分解制取磁性液体有其独特优点。羰基金属络合物在油介质中热分解，很容易获得均匀的纳米金属颗粒（铁、钴、镍、铁-钴、铁-钴-镍等），铁氧体颗粒及氮化铁颗粒。目前，制取高性能磁性液体均采用羰基铁精炼方法。此外，还有机械粉碎法、化学共沉积方法。

A 羰基金属络合物热分解法制取磁性液体

（1）羰基金属络合物热分解法制取金属磁性液体。在含有表面活性剂的载液中添加羰基金属化合物［$Fe(CO)_5$、$Co_2(CO)_8$、$Ni(CO)_4$ 或它们的混合物］，置于带有加热装置的密闭容器内。经热分解制成纳米级 Fe、Co、Ni 或其合金颗粒，这些颗粒经表面活性剂包覆后，均匀、稳定地分散在载液中成为金属磁性液体。再者，将含有表面活性剂的载液放入热解炉内。用 N_2 或 Ar 将有机金属络合物载带到混合罐内，稀释后导入热解炉内。经热分解制成纳米级 Fe、Co、Ni 或其合金颗粒，这些颗粒经表面活性剂包覆后，均匀、稳定地分散在载液中成为金属磁性液体。该法工艺简单、能耗低，可制备高饱和磁化强度的磁性液体。图 5-9为羰基金属络合物热分解制取磁性液体装置。

（2）羰基金属络合物热分解法制备氮化铁磁性液体。其制备工艺和制取金属磁性液体大体相似，即在制取磁性液体时通入适量的 NH_3，使之与 $Fe(CO)_5$ 反应生成一不稳定的中间化合物或在 $Fe(CO)_5$ 受热分解后生成的纳米级铁粉的催化作用下使 NH_3 裂解产生原子氮。其反应式如下：

$$Fe(CO)_5 = Fe + 5CO\uparrow$$

$$NH_3 \xrightarrow{Fe催化} N + 3H$$

$$3Fe + N = \varepsilon - Fe_3N$$

在 Fe-N 系化合物中，随着 Fe 元素与 N 元素的比例不同，可生成一系列的铁氮化合物。如：FeN、Fe_2N、ε-Fe_3N、γ'-Fe_4N、$Fe_{16}N_2$ 等。Fe-N 系化合物在常

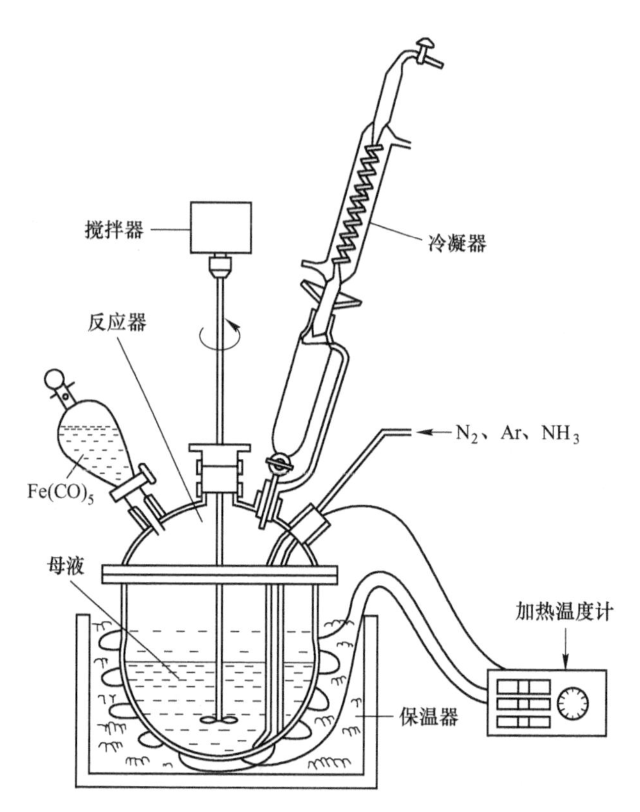

图 5-9　羰基金属络合物热分解制取磁性液体装置

温下为稳定相，作为近些年来发展起来的磁性材料，有着广泛的应用前景。在磁记录介质制造、磁性液体、微波吸收材料等方面具有实际应用价值。它的高饱和磁化强度，高矫顽力和比金属磁粉更好的稳定性是非常难得的。利用纳米级 ε-Fe_3N 颗粒制备的氮化铁磁性液体不但具有优良的磁性能而且还具有稳定的化学性能，氮化铁磁性液体是当前研究的热门课题。钢铁研究总院羰基金属实验室完成国家 863 高科技项目“制取氮化铁磁性液体”，已于 1998 年底通过国家验收。下面列举氮化铁磁流体的特性，如图 5-10~图 5-12 所示。

（3）羰基金属络合物热分解法制取合金磁性液体。利用羰基金属络合物混合气体（五羰基铁、四羰基镍、八羰基钴）在载液中热分解，羰基金属络合物混合气体成分及比例可以根据需要设计（铁-钴、铁-钴-镍等）。混合羰基金属络合物在油介质中热分解，很容易获得均匀的纳米合金颗粒。制取合金磁性液体有其独特优点。目前，制取高性能合金磁性液体均采用羰基铁精炼方法。

（4）羰基金属络合物热分解法制取铁氧体磁性液体。利用羰基铁络合物气体与混合一定比例的空气在载液中热分解，可以获得氧化物磁流体。

（5）利用羰基金属络合物制取磁流体的工艺流程。

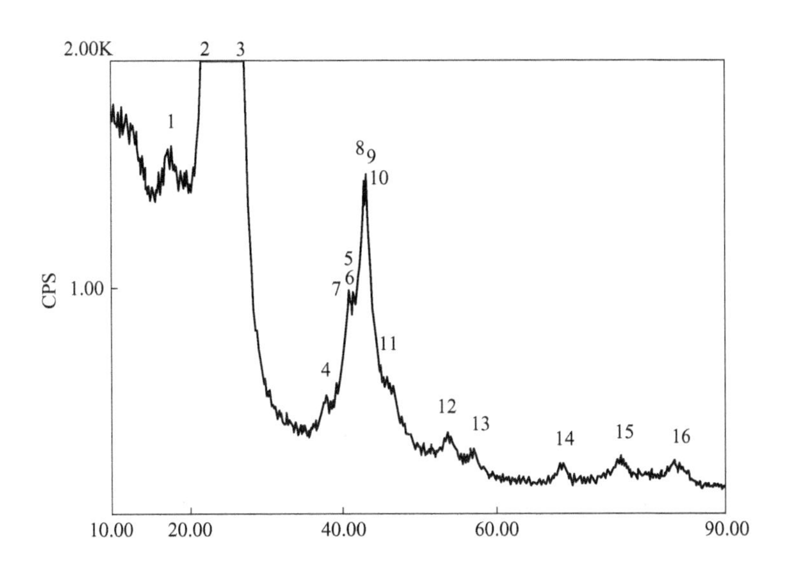

图 5-10 氮化铁 X 光相分析

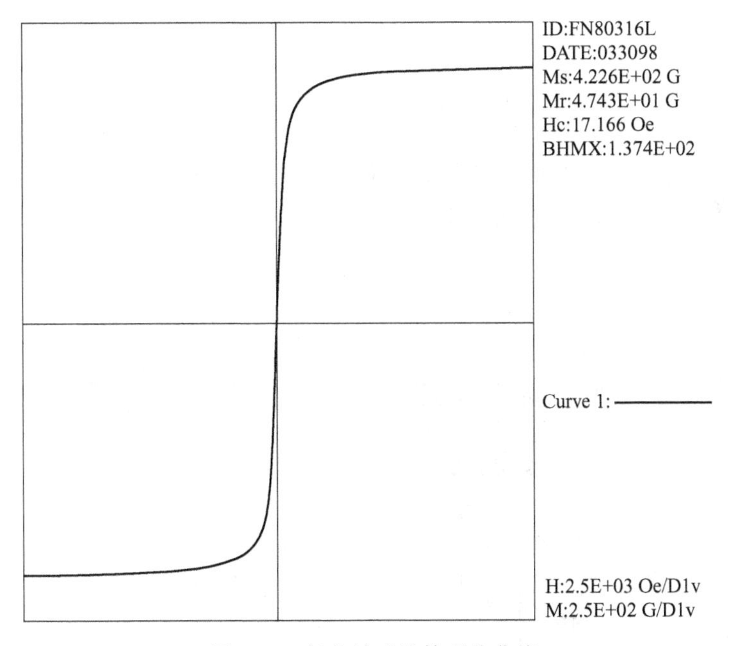

图 5-11 氮化铁磁流体磁化曲线

1）原料。羰基金属络合物（五羰基铁、四羰基镍、八羰基钴）、载液、界面活性剂、氮气、氨气等。

2）设备。热解器、加热器、温度控制仪、计量器等。

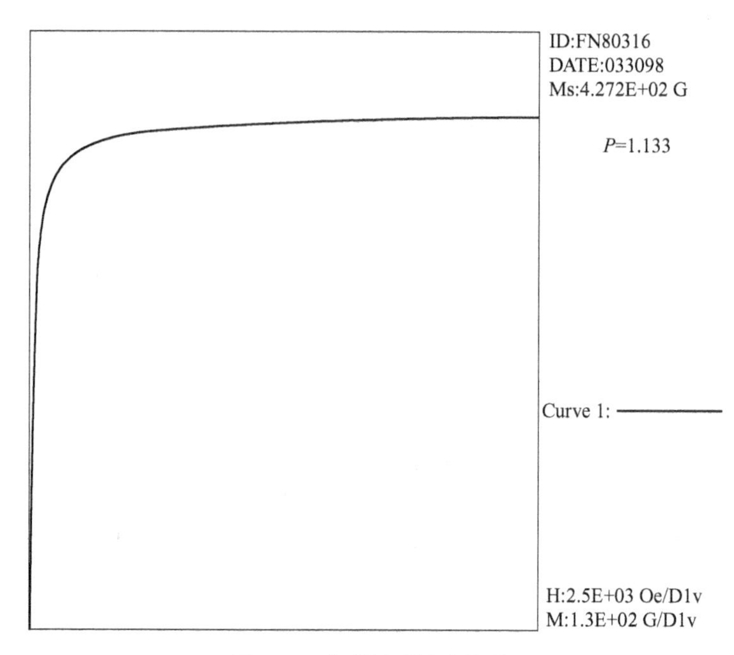

图 5-12　氮化铁磁饱和性能

3）工艺流程。利用羰基金属络合物在载液中热分解，制取磁流体。根据制取的磁流体种类，羰基金属络合物可以是单一的（五羰基铁），也可以是混合的（五羰基铁、四羰基镍、八羰基钴）。首先是利用惰性气体将羰基金属络合物带入到热分解器中，羰基金属络合物在被加热的载液中分解，形成纳米磁性颗粒，均匀地分散在载液中，形成磁流体。具体工艺流程如图 5-13 所示。

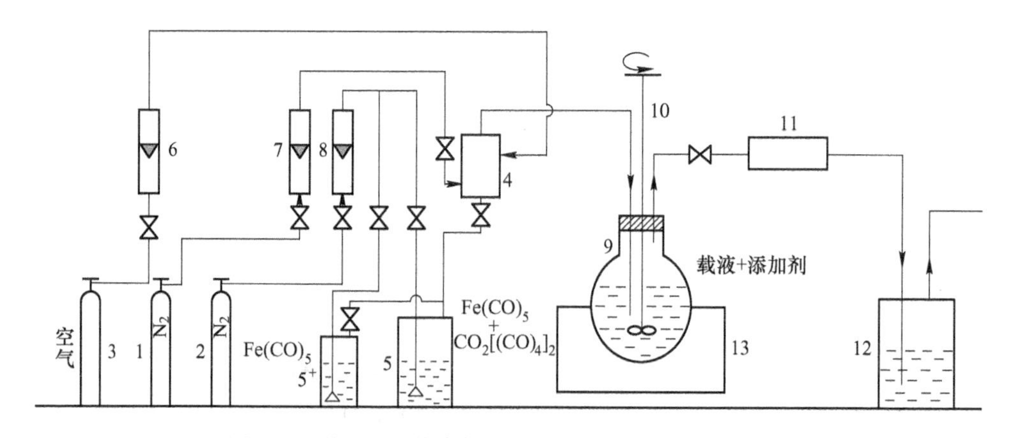

图 5-13　羰基金属络合物热分解法制备磁流体工艺流程

1，2—氮气；3—空气；4—混合罐；5，5^+—羰基金属载带罐；6~8—流量计；9—热分解器；10—搅拌器；11—破坏器；12—水封瓶；13—加热器

B 化学共沉降法制取磁性液体

利用化学共沉降法制取金属磁性液体，首先将二价的铁盐（$FeCl_2$）溶液和三价的铁盐（$FeCl_3$）溶液按一定的比例混合，加入沉淀剂（NaOH 或 KOH）反应后，获得粒度小于 10nm 的 Fe_3O_4 磁性颗粒。经过脱水干燥后，添加一定量的表面活性剂及母液，充分地搅拌混合后获得铁氧体磁性液体。铁氧体磁性液体的饱和磁化强度一般为 0.05T。该方法能够获得粒度均匀的纳米级颗粒，成本低适合工业化生产。

C 机械粉碎法

将铁氧体粉末与有机溶剂加入球磨机中，经过长达几天的球磨。经过浓缩后，添加表面活性剂及母液后再充分混合。利用离心分离机除去颗粒，获得铁氧体磁性液体。该方法效率低，成本高。

D 等离子 CVD 法

利用 $Fe(CO)_5$ 分解生成纳米级氮化铁粒。该方法是从兼为电极的导气管往旋转反应容器内导入由 N_2、Ar、$Fe(CO)_5$ 蒸气组成的混合气体。往电极加高频电压（频率：13.56MHz）产生等离子，使 $Fe(CO)_5$ 分解生成纳米级氮化铁粒。这些颗粒被容器内表面上的液体膜捕捉并均匀分散到容器底部的载液中，形成含有氮化铁颗粒的磁性液体。

利用等离子 CVD 分解有机金属化合物生成金属原子或者金属原子团。在反应容器底部放置溶入表面活性剂的载液，并使容器保持在 10^{-3} ~ 100mmHg 的低压状态。把能气化分解后获得铁磁性金属颗粒的有机金属化合物作为原料，并使之气化，与 H_2、N_2 或 Ar 或者它们的混合气体混合后导入到反应容器内。在直流电场、高频电场、微波或激光的作用下产生低温等离子体。在该等离子体的作用下使气化的有机金属化合物分解生成金属原子或者金属原子团。它们在向容器底部流动的过程中碰撞长大成纳米级金属颗粒，经搅拌后，这些金属颗粒被表面活性剂包覆后分散在载液中成为金属磁性液体。如用含 NH_3 的混合气体可制备氮化铁磁性液体。采用含 O_2 的混合气体可制备金属氧化物磁性液体。该法制备的磁性颗粒粒径分布较宽，制备装置复杂。

E 蒸发冷凝法

在旋转的真空滚筒的底部放入含有表面活性剂的载液，随着滚筒的旋转，在其内表面上形成一液体膜。将置于滚筒中心部位的铁磁性金属加热，使之蒸发。冷凝后的粒径在 2~10nm 的铁磁性颗粒被液体膜捕捉，随着滚筒的旋转进入载液内。滚筒继续旋转，由底部提供新的液体膜，如此反复制备成金属磁性液体。

另外，还有电解沉积法、气相还原法、水溶液还原法等。

5.5.1.6　磁性液体的应用

（1）磁密封。磁性液体材料的主要应用是转动密封（包括真空、防尘、水、气、油等转动密封等）。磁密封具有无泄漏、无摩擦、结构紧凑、在密封的同时又有润滑作用、经久耐用、工作可靠、可连续工作。磁性液体密封有多种形式，按密封的机构形式可以分为：单级密封、多级密封和多极-多级密封。磁流体密封是一种新技术，由于它具有许多独特的优点，所以磁性液体密封在航天、电子、机械、化工、制药、食品等获得广泛的应用。比较典型的应用有：防尘密封（计算机磁盘驱动器主轴的密封，原子能放射性气体密封，食品工业防止细菌混入密封以及半导体防尘密封等），真空密封（真空蒸发，真空加热，质谱仪等），压差密封（反应釜，风机，气泵等）。

（2）磁浮选。磁性液体在磁场的作用下，磁性液体的内部压强随着磁场强度增大而增大，即可以改变磁性液体的视比重。利用这一原理可以进行混合物的分离。如回收砂金矿山精选厂尾矿中金的一种新工艺，就是利用水基磁性液体材料用于选矿，我国陕西省阳平关砂金矿精选厂尾矿金，用磁选和磁流体分选法从重选精矿中提取黄金。俄罗斯已有金矿石磁浮选定型设备。

（3）传感器。磁性液体在传感器磁方面的应用很多。地质钻探打斜井，利用磁性液体传感器控制钻探打斜井角度，航天航空发射的重力加速度计等。

（4）催化剂。利用磁性液体中纳米级颗粒的巨大表面能及表面的亚稳定态原子加速化学反应速度。一般可以提高催化活性速度 5~10 倍。纳米级的镍、钴是非常好的加氢反应催化剂，美国和日本已研制成功纳米催化剂。例如：使用液体石蜡中悬浮 10%的纳米级铁粒子使煤液化成为汽油。

（5）阻尼装置。磁性液体作为黏性介质可以制成各种阻尼器。由于磁性液体可用磁场定位，因而这类阻尼器无介质泄漏。磁性液体用于阻尼装置已经在工业部门获得应用。国外大型的载重卡车、高速列车已经使用磁性液体减震器，另外，高性能扬声器、导弹发射管减震也是采用磁性液体阻尼装置。

（6）磁流体研磨。磁性液体的研磨装置由磁性液体、液体槽、研磨颗粒及旋转驱动装置组成。在外加磁场的作用下，研磨颗粒浮在磁性液体的上部。被加工件旋转时，研磨颗粒对工件有一定的压力，并进行研磨。不仅加工精度高，而且可以研磨自由表面。磁流体研磨法对陶瓷球精密加工不但高效而且高质量。国外已经把磁性液体用于电子工业高精度加工。

（7）吸波材料。磁性液体中的纳米级铁磁性颗粒具有很强的吸收电磁波和声波的能力，并且对红外吸收具有随磁粉浓度的增加而增加的特性。目前，我国已经成功研制出重量轻、涂层薄、吸收频带宽的隐身材料。同时，纳米级铁磁性颗粒又是性能优良的磁屏蔽涂料。

(8) 磁性液体在潜艇推进器上的应用。潜艇磁流体推进的压力作用船舶超导磁流体推进是最近发展起来的新颖船舶推进装置，由于该装置无须常规船舶的螺旋桨，轴系和减速齿轮等转动机构，故具有高速、安静、灵活的优点。螺旋桨是潜艇噪声中最主要的噪声源。各国潜艇设计者千方百计改进螺旋桨的结构设计，来延缓和控制螺旋桨在高速推进时产生的空化噪声。美苏两国在 60 年代就着手磁性液体推进器的研究工作。其目的是大幅度降低潜艇噪声，即使在高速推进时也能保持安静地航行。美国在 70 年代末研究出大功率磁性液体推进器，并安装在潜艇上，使潜艇推进器及潜艇的隐蔽性方面具有优势。苏联大约在 20 世纪 80 年代初将研制的磁性液体推进器安装在 DIV 级核潜艇上。在橡胶套内充有高饱和磁化强度的磁性液体，并在橡胶套外装有一组环形激磁线圈。当电流通过激磁线圈形成脉冲电磁场，磁性液体在脉冲场作用下产生行进波，使橡胶套内壁不断“蠕动”，并以高速从后端喷出，它能产生 8000N 的推力。如在潜艇上装有 4 个推进器，可获得 32000N 的推力。在以 5~10 节巡航时，可处于非常安静的航行状态。

(9) 磁性液体润滑剂。将磁性液体与润滑剂相结合，可以制成磁性液体润滑剂。主要用于各种机械、轴承润滑、机器人关节润滑。

(10) 生物医学。生物医学利用水基磁性液体中的纳米级超微磁性粒子吸附治癌药物，注入患者体内。在体外磁体的引导下到达癌体部位，攻击癌细胞。能大大提高治疗效率，避免药物副作用。日本、俄罗斯已成功应用。

磁性液体除了上述的应用外，还有磁制冷、化妆品、水基磁水、磁显像、磁力线显示等。

5.5.1.7 展望

磁性液体是一种新型的功能磁性材料。在西方国家已经应用在各个方面。而我国磁性液体的开发研究目前还处于实验室阶段，虽然有的产品已经初步获得应用，但是还没有形成一定量规模的生产。希望国内的科研院所、大专院校携手共进，使我国磁性液体的开发应用研究早日达到国际先进水平。

5.5.2 磁流变液（Magnetic Rheological Fluid）[10,11]

5.5.2.1 磁流变液的发展历程概述

1948 年，Rabinow 首先提出了磁流变液的概念。它是将微米尺寸的磁极化颗粒分散于非磁性液体（矿物油、硅油等）中形成的悬浮液。在零磁场情况下，磁流变液为流动性能良好的流体，其黏度很小；在强磁场作用下可在短时间（毫秒级）内，黏度增加并呈现类固体特性；这种变化是连续的、可逆的，去掉磁场后又恢复到原来的状态。

20 世纪 80 年代以前，由于没有认识到磁流变液在磁场作用下的剪切应力的应用前途，所以磁流变液材料的应用缓慢。随着制备技术的提高，进入 90 年代，磁流变液的应用加速发展。

目前国内外对该项目进行加速研究和开发，磁流变液已经成为一种新型功能材料。美国 LORD 公司的 Carlson 和 Weiss 等人在磁流变液性能研究和应用开发方面取得了较为突出的成就，使 LORD 公司在国际上第一个推出商用磁流变器。美国加州州立大学的 Zhu 和 Liu 等人对磁流变液的流变学，特别是微观结构进行了大量深入的研究。美国 Notre Dame 大学的 Dyke 和 Spencer 等人将磁流变液阻尼器用于大型结构地震响应的控制。另外，俄罗斯传热传质研究所的 Kordonski 等人在磁流变液的抛光和密封应用方面取得了较大的进展。德国 Kormann 等人在对颗粒直径、表面层等做适当修饰改进后，已研制出稳定的纳米级磁流变液。

我国的磁流变液材料的研究从 20 世纪 90 年代开始，冶金工业部钢铁研究总院羰基冶金实验室开始研发磁性液体和磁流变液。承担国家 863 氮化铁磁流体研究项目。在地质探勘及军工使用磁密封材料获得应用。近几年来，国内先后有中国科技大学、复旦大学、重庆大学、西北工业大学、中科院物理所、重庆材料研究院等数十家科研机构和院校相继开展此方面的研究工作。该技术开始在机械工程、汽车工程、控制工程、精密仪器加工及航空航天等领域得到初步的应用。

5.5.2.2　磁流变液定义

磁流变液是一种不同于磁性液体的新型功能材料，它是由微米级铁磁性颗粒与载液（油脂）及表面活性剂组成的流体。该流体在外加磁场的作用下可实现液相与黏稠胶体的亚固体相（不能够流动，可以维持形状的亚固体）之间互相转换。当外加磁场消失后，磁流变液又恢复流体状态。

5.5.2.3　磁流变液种类

磁流变液的种类如下：

（1）磁流变液。

（2）磁流变弹簧体。

（3）磁流变胶形体。

（4）磁流变海绵体。

5.5.2.4　磁流变液材料的基本属性

（1）在无磁场环境下，磁流变液为可以流动的流体。

（2）在磁场作用的环境下，磁流变液迅速地从流体形态转变到亚固态。

（3）磁流变液的流变特性是可逆转变。

（4）流变性能好，具有可控性。

5.5.2.5 磁流变液流变形态转变机理

从磁学的磁畴理论出发来解释磁流变液的流变现象。我们可以理解在磁流变液中的每一个磁性颗粒就是个磁体。每一个磁体中，原子之间存在着强交换耦合作用。它促使相邻原子的磁矩平行排列，形成自发磁化饱和区域即磁畴。在外界磁场为零时，磁畴中每个原子的磁矩排列取向一致，但是不同磁畴的磁矩取向随机无序。因此，磁流变液中所包含的磁性颗粒的平均磁矩为零，磁性颗粒无磁性。在外磁场作用下，磁矩与外磁场方向相同排列时的磁能，低于磁矩与外磁场反方向排列时的磁能时，这时磁性颗粒的平均磁矩不等于零，显示磁性，磁性颗粒按序排列，相互连接成链。当外磁场强度较弱时，磁性颗粒链数量比较少，剪切应力也小；随外磁场不断增强，磁流变液中磁性颗粒链的数量增加，磁流变液的剪切应力增强；当磁化达到饱和时，磁流变液的剪切应力也达到最高。

目前，磁流变液材料在磁场作用下的流变形态转变机理说法不尽一致，但是多数研究者认为：磁流变液在零磁场下，悬浮在母体载液中的铁磁性颗粒是随机无序状态。在外加磁场后磁性颗粒出现激化现象，形成磁偶极子，产生磁偶极矩。磁偶极子克服热运动阻力而按着磁力线方向排成链条状，每一链条中的铁磁性颗粒之间的吸引力随着外加磁场强度增加而加大，致使磁流变体的流变性能发生变化。当磁场强度达到临界值时，磁性颗粒之间的吸引力也达到极限值而脱离了热运动的约束，每一链条呈现出一定的刚性。此时，磁流变液变得像亚固体形态。屈服应力值随着外加磁场强度增加而加大。当磁场达到饱和值时，磁流变液的屈服应力值达到最大。图5-14为磁流变液变化机理。

5.5.2.6 磁流变液组成

磁流变液是由尺寸为微米级的铁磁或顺磁性颗粒均匀地分散到载液中，并添加一定量的表面活性剂和防沉剂。形成载液和添加的组分充分地融合，不沉淀的类似胶体的流体。磁流变液的组成如下。

（1）磁性颗粒。平均粒径为0.1~10μm的Fe、Co、Ni、Fe-Co、Fe-Ni、Fe-Co-V、Fe_3O_4、γ-Fe_2O_3、CrO_2等的超细粉末。铁磁性颗粒：40%~60%（体积比）。

（2）载液。矿物油、硅油、硅氧烷共聚物、石蜡油、液压油、变压器油、氟化烃、氟化硅氧烷等。

（3）表面活性剂。阴离子型表面活性剂、非离子型表面活性剂或它们的组合物等、增稠剂。

（4）防沉剂。

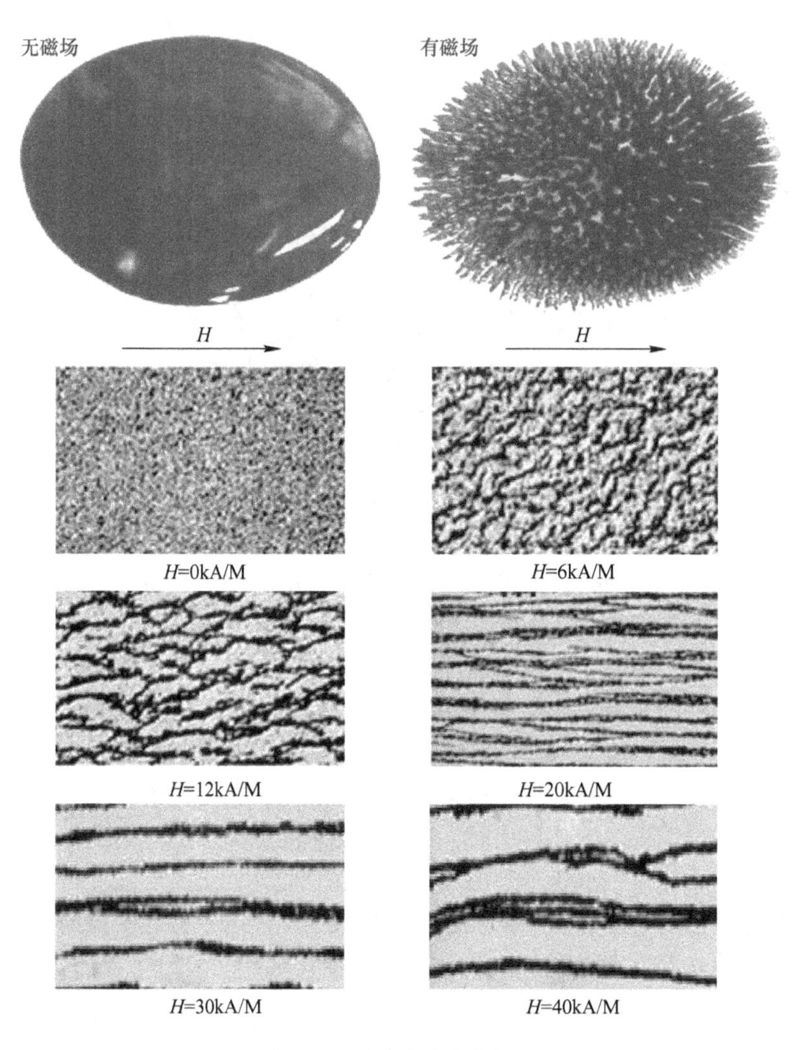

图 5-14　磁流变液变化机理

5.5.2.7　磁流变液材料在应用中应该具备的特性

磁流变液在磁场的作用下，使磁流变液从自由流动状态变为非常黏稠的半固态。在无磁场时，颗粒恢复到自由状态，并且整个材料的表面黏度或流动阻力也相应降低，又恢复为液态。磁流变液的流变效应被广泛地应用在冶金、化工、电子、航天航空及军工领域中。由于不同领域有独特的要求。所以，磁流变液应该具有多种性能才能够满足要求。一般认为，良好的磁流变液应具备以下性能。

(1) 电磁控制转变的可逆性。磁流变液所具有的磁流变效应是一种可逆变化，它必须具有磁化和退磁两种可能性，因此这种流体的磁滞线必须狭窄，内聚力较小，而磁导率很大，尤其是磁导率的初始值和极大值必须很大。

(2) 磁饱和值高。这种悬浮液应具有较大的磁饱和值，以便使得尽可能大的“磁流”通过悬浮液的横截面，从而给颗粒相互间提供尽可能大的能量。

(3) 响应速度快。磁流变液的流变液固转 10μs 内，转换无级控制。以使磁流变液减震器作为主动和半主动控制器时，基本不存在时迟问题。

(4) 强磁场下剪切屈服强度高。强磁场下剪切屈服强度至少应达到20~30kPa。

(5) 损耗低。这种液体在接上交流电的工作期间内，全部损耗（如磁滞、涡流等）应该很低。

(6) 磁性颗粒防止沉淀。这种悬浮液中的磁性颗粒的分布必须均匀，而且分布率保持不变，这样才能保证其具有高度的磁化及稳定性能。长时间存放不分层。

(7) 击穿磁场高。为了防止磁流变液被磨损并改变性能，这种液体必须具备极高的“击穿磁场”。

(8) 抗温度性强。磁流变液稳定性应不随温度变化而变化，即在较宽的温度范围内具有较高的稳定性。

(9) 无毒、不挥发、无异味，这是由其应用领域所决定的。

(10) 无外加磁场时黏度低。

5.5.2.8　磁流变液的制备

磁流变液材料的制备方法很多，各有优越性。这里专门介绍羰基铁精炼法制备磁流变液材料。羰基铁粉末具有独特的物理及化学特性，实践证明羰基铁粉末制备的磁流变液材料其流变性能好。所以，羰基铁粉末被广泛地应用。现主要介绍两种方法。

A　机械混合法

(1) 原料。羰基铁粉末：羰基铁粉末粒度为 5~8μm；物理化学性能达到微米级羰基铁粉末国家标准。矿物油：α 烯烃油。添加剂：界面活性剂、抗氧化剂、防沉剂及增稠剂。

(2) 工艺流程。将羰基铁粉末原料、载体及添加剂按比例混合→装入带有不锈钢球的罐中→球磨机滚动球磨 48h。

B　羰基铁络合物热分解法

(1) 原料。羰基铁络合物液体，载液，添加剂。

(2) 工艺流程。按着比例将矿物油及添加剂加入热分解器中，进行充分搅拌。将反应器加热到 180~200℃；通入羰基铁络合物气体热分解。根据设定的技术指标来确定热分解时间。其工艺流程如图 5-15 所示。

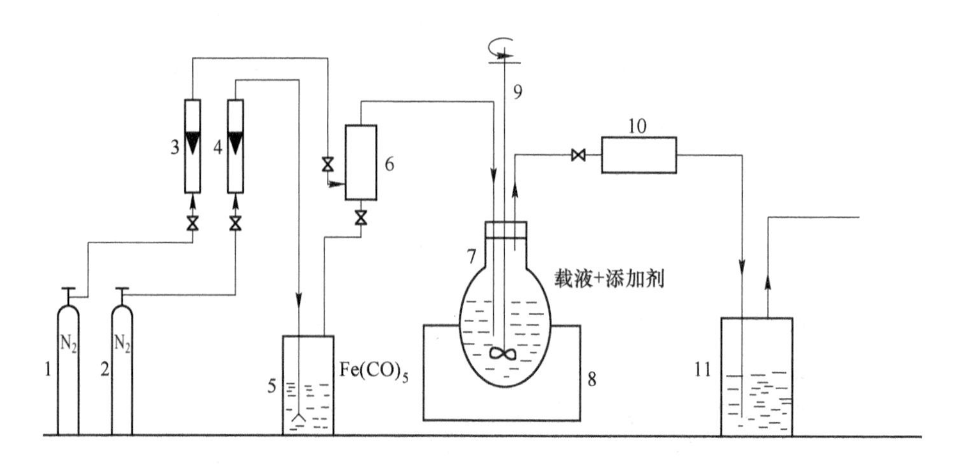

图 5-15　羰基铁络合物热分解法制备磁流变液工艺流程图

1，2—氮气；3，4—流量计；5—羰基铁载带罐；6—混合罐；7—热分解器；8—加热器；9—搅拌器；10—破坏器；11—水封罐

C　磁流变液的其他制造方法

（1）原料配比。磁流变液的组成：磁性颗粒、载液及颗粒表面交联高分子化合物。成分比例（*W*%）为：磁性颗粒 80%，载液 10%～15%及界面活性剂 5%～10%。

（2）磁性颗粒。磁性颗粒为 0.1～100μm；赤铁矿，铁氧体，羰基铁粉末，铁钴镍合金粉末；颗粒包覆层二氧化硅，氧化铝。

（3）载液。载液油是非导磁的油，如矿物油、硅油、水、烯烃油等，需具有较低的零场黏度、较大范围的温度稳定性。

（4）界面活性剂。磁流变液的不稳定性主要表现为磁性颗粒团聚及沉淀。通过添加剂或表面活性剂来减缓。如硅胶稳定剂，这种粒子具有很大的表面积，每个粒子具有多孔疏松结构，磁性颗粒可由这些结构支撑均匀地分布在母液中。另一方面，表面活性剂可以形成网状结构吸附在磁性颗粒的周围以减缓粒子的沉降。稳定剂必须有特殊的分子结构，一端有一个对磁性颗粒界面产生高度亲和力的钉扎功能团，另一端还需一个极易分散于某种基液中去的适当长度的弹性基团。例如：硅烷，聚苯乙烯，胶纸，氯丙基烷，乙烯基硅烷。

5.5.2.9　磁流变液的应用

美国、俄罗斯、中国、日本等国在磁流变液的制备、特性和应用上做了大量的研究，目前已经进入应用阶段。例如：卡车座位减振器、刹车装置、阻尼器、阀、机械卡具、光学抛光、磁流变液的综合锻炼健身器等。

（1）提供可变阻尼。在外加磁场的作用下，磁流变液能够提供可变的阻尼力。如阻尼器、减震器、弹性底座等；美国 Lord 公司上市了一种磁流变液卡车座位减震器。该减震器全长 15cm，在磁场区域内有效的流体量仅为 0.3cm^3，用于产生磁场的电力消耗为 15W。这种磁流变液减震器可以直接替代普通减震器，使卡车座位的振幅减少 20%~50%，大大减少卡车司机在矿山等崎岖道路驾车的危险。还有一种小型的主动型减震器，它的最大冲程为 3cm，减震力为 0~200N，器件响应时间减震器小于 10ms，在用 12V 直流供电的情况下，它的电流为 1A。这种减震器中没有滑动封口，它和另一个弹簧减震器并行使用，可制成一个阻尼可控的减震器。这种锻炼器的核心部分是一个磁流变阀门。它可以方便地通过增加磁场强度来增加磁流变液的流阻，使锻炼者的作用力从约 200N（20kgf）增加到约 1200N（120kgf），整个设备的电力消耗仅 15W。他们正积极将该综合锻炼器推向国际市场。他们还和白俄罗斯汽车厂合作生产过卡车司机座位上的减震器。

（2）控制力矩和（或）压力。磁流变液在装置中可以控制力矩和（或）压力。例如：各种离合器、制动器、阀门等。美国专利 2575360 号介绍了一种机电控制的加力矩装置，它使用了磁流变液来提供在两个无关的旋转单元之间的驱动连接、像在离合器和制动器中见到的那样；美国专利 2886151 号介绍了一种力传递装置，如离合器和制动器。它使用了流体膜耦合层，对磁或电场极为敏感。他们研制的磁流变刹车装置最大传输力矩为 7N·m，最大转速为 1000r/min，最大吸收功率为 700W，输入功率则小于 10W。这种刹车已由厂家制成可以程控的航空练习设备。美国专利 2661825 号介绍了一种在移动部件之间的空间充满磁流变液，借助控制移动部件之间滑移的装置。

（3）光学抛光。磁流变液用于精密仪器表面抛光，可以获得高光洁度镜表面。

（4）密封。白俄罗斯传热传质研究所用磁流变液进行密封应用，使用静态剪切应力 $\tau=5$kPa 的磁流变液，在 $H=150$kA/m 的磁场强度，磁场线圈电流 $I=2.5$A，密封部位在不转动的情况下，该密封圈承受的最大压强 $P^*=180$kPa。当转数为 35r/min 时，$P^*=330$kPa，在转数为 240r/min 时，$P^*=250$kPa。他们发现 P^* 与 H^2 成正比。磁流变液 P^* 是磁性液体的 3 倍。这种密封圈在制备磁流变液的设备上得到了实际应用。他们与工厂合作生产的磁流变综合锻炼器受到消防和公安部门的欢迎。

（5）开关。磁流变液无摩擦开关，即将水银和磁流变液装入不导电容器中，利用磁流变液的流变性质改变水银位置，达到接通与断开电路。

磁流变开关工作原理如图 5-16 所示。

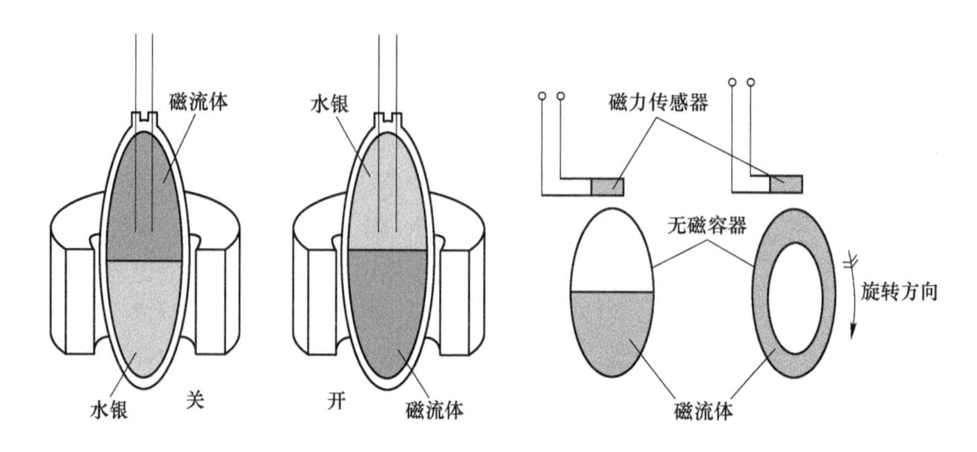

图 5-16　磁流变开关工作原理

(6) 医学器械。磁流变液应用在医学器械中，如假肢及运动器具。

(7) 普通的驱动动力源。磁流变液设备的一个特殊优点是它只需要低压、普通的驱动动力源。这样的设备由于成本低可以广泛地应用，这一点与电流变液不同。电流变液由于需要昂贵的高压动力源，严重地限制了它的实际应用。

5.5.3　隐身材料[3~5]

5.5.3.1　概述

隐身材料是隐身技术的重要组成部分，在装备外形不能改变的前提下，隐身材料（Stealth Material）是实现隐身技术的物质基础。武器系统采用隐身材料可以降低被探测率，提高自身的生存率，增加攻击性，获得最直接的军事效益。因此，隐身材料的发展及其在飞机、主战坦克、舰船、箭弹上的应用，将成为国防高技术的重要组成部分。对于地面武器装备，重点在于防止空中雷达或红外设备探测、雷达制导武器和激光制导炸弹的攻击；对于作战飞机，重点在于防止空中预警机雷达、机载火控雷达和红外设备的探测，主动和半主动雷达、空对空导弹和红外格斗导弹的攻击。

隐身材料按频谱可分为声、雷达、红外、可见光、激光隐身材料；按材料用途、材料成型工艺和承载能力，可分为隐身涂层材料和隐身结构材料。

5.5.3.2　雷达吸波材料

雷达吸波材料（RAW）是最重要的隐身材料之一，它能吸收雷达波，使反射波减弱甚至不反射雷达波，从而达到隐身的目的。按使用形式可分为结构型吸波材料和雷达吸波涂料两类。

A 结构型雷达吸波材料

结构型雷达吸波材料是一种多功能复合材料，它既能承载作结构件，具备复合材料质轻、高强的优点，又能较好地吸收或透过电磁波，已成为当前隐身材料重要的发展方向。

国外的一些军机和导弹均采用了结构型RAM，如SRAM导弹的水平安定面，A-12机身边缘、机翼前缘和升降副翼，F-111飞机整流罩，B-1B和美英联合研制的鹞-Ⅱ飞机的进气道，以及日本三菱重工研制的空舰弹ASM-1和地舰弹SSM-1的弹翼等均采用了结构型RAM。

（1）新型热塑性介电材料。复合材料的高速发展为结构吸波材料的研制提供了保障。新型热塑性PEEK（聚醚醚酮）、PES（聚醚砜）、PPS（聚苯硫醚）以及热固性的环氧树脂、双马来酰亚胺、聚酰亚胺、聚醚酰亚胺和异氰酸酯等都具有比较好的介电性能，由它们制成的复合材料具有较好的雷达传输和透射性。

（2）碳纤维材料。近年来，国外对碳纤维做了大量改良工作，如改变碳纤维的横截面形状和大小，对碳纤维进行表面处理，从而改善碳纤维的电磁特性，以用于吸波结构。采用的纤维包括有良好介电透射性的石英纤维、电磁波透射率高的聚乙烯纤维、聚四氟乙烯纤维、陶瓷纤维、玻璃纤维，以及聚酰胺纤维。碳纤维对吸波结构具有特殊意义。

（3）各种织物材料。美国空军研究发现将PEEK、PEK和PPS抽拉的单丝制成复丝，分别与碳纤维、陶瓷纤维等按一定比例交替混杂成纱束，编织成各种织物后再与PEEK或PPS制成复合材料，具有优良的吸收雷达波性能，又兼具有重量轻、强度大、韧性好等特点。据称美国先进战术战斗机（ATF）结构的50%将采用这一类结构的吸波材料，材料牌号为APC（HTX）。

（4）碳纤维和蜂窝夹芯复合材料。国外典型的产品有用于B-2飞机机身和机翼蒙皮的雷达吸波结构，其使用了非圆截面（三叶形、C形）碳纤维和蜂窝夹芯复合材料结构。在该结构中，吸波物质的密度从外向内递增，并把多层透波蒙皮作面层，多层蒙皮与蜂窝芯之间嵌入电阻片，使雷达波照射在B-2的机身和机翼时，首先由多层透波蒙皮导入，进入的雷达在蜂窝芯内被吸收。该吸波材料的密度为0.032g/cm^3，蜂窝芯材在6~18GHz时，衰减达20dB；其他的产品如英国Plessey公司的“泡沫LA-1型”吸波结构以及在这一基础上发展的LA-3、LA-4、LA-1沿长度方向厚度在3.8~7.6cm变化，厚12mm时，重2.8kg/m^2，用轻质聚氨酯泡沫构成，在4.6~30GHz内入射波衰减大于10dB；Plessey公司的另一产品K-RAM由含磁损填料的芳酰胺纤维组成，厚5~10mm，重7~15kg/m^2，在2~18GHz衰减大于7dB。美国Emerson公司的Eccosorb CR和Eccosorb MC系列有较好的吸波性，其中CR-114及CR-124已用于SRAM导弹的水平安定面，密度为1.6~4.6kg/m^3，耐热180℃，弯曲强度为1050kg/cm^2，在工作频带内的衰减为

20dB 左右。日本防卫厅技术研究所与东丽株式会社研制的吸波结构，由吸波层（碳纤维或硅化硅纤维与树脂复合而成）、匹配层（由氧化锆、氧化铝、氮化硅或其他陶瓷制成）、反射层（由金属、薄膜或碳纤维织物制成）构成，厚 2mm，10GHz 时复介电常数为 14-j24、样品在 7～17GHz 内反射衰减>10dB。

在结构吸波材料领域，西方国家中以美国和日本的技术最为先进，尤其在复合材料、碳纤维、陶瓷纤维等研究领域，日本显示出强大的技术实力。英国的 Plesey 公司也是该领域的主要研究机构。

B　雷达吸波涂料

雷达吸波涂料主要包括磁损性涂料、电损性涂料。

（1）磁损性涂料。磁损性涂料主要由铁氧体等磁性填料分散在介电聚合物中组成。这种涂层在低频段内有较好的吸收性。美国 Condictron 公司的铁氧体系列涂料，厚 1mm，在 2～10GHz 内衰减达 10～12dB，耐热达 500℃；Emerson 公司的 Eccosorb Coating 268E 厚度 1.27mm，重 4.9kg/m^2，在常用雷达频段内（1～16GHz）有良好的衰减性能（10dB）。磁损型涂料的实际重量通常为 8～16kg/m^2，因而降低重量是亟待解决的重要问题。

（2）电损性涂料。电损性涂料通常以各种形式的碳、SiC 粉、金属或镀金属纤维为吸收剂，以介电聚合物为黏接剂所组成。这种涂料重量较轻（一般可低于 4kg/m^2），高频吸收好，但厚度大，难以做到薄层宽频吸收，尚未见纯电损型涂层用于飞行器的报道。90 年代美国 Carnegie-Mellon 大学发现了一系列非铁氧体型高效吸收剂，主要是一些视黄基席夫碱盐聚合物，其线型多烯主链上含有连接二价基的双链碳-氮结构，据称涂层可使雷达反射降低 80%，比重只有铁氧体的 1/10，据报道这种涂层已用于 B-2 飞机。

5.5.3.3　红外隐身材料

红外探测是用得较多的探测手段之一，仅次于雷达探测，它通常是以被动式进行，利用目标发出的红外线来发现、识别和跟踪目标。红外隐身材料作为热红外隐身材料中最重要的品种，因其坚固耐用、成本低廉、制造施工方便，且不受目标几何形状限制等优点一直受到各国的重视，是近年来发展最快的热隐身材料，如美国陆军装备研究司令部、英国 BTRRLC 公司材料系统部、澳大利亚国防科技组织的材料研究室、德国 PUSH GUNTER 和瑞典巴拉居达公司均已开发了第二代产品，有些可兼容红外、毫米波和可见光。近年来，美国等西方国家在探索新型颜料和黏接剂等领域做了大量工作。新一代的热隐身涂料大多采用热红外透明度。红外隐身材料主要分为单一型和复合型两种[4]。

A　单一型红外隐身材料

导电高聚物材料重量轻、材料组成可控性好且电导率变化范围大，作为单一红外隐身材料使用的前景十分乐观，但由于其加工较困难且价格相当昂贵，除聚苯胺外尚无商品生产。E. R. Stein 等人研究发现，导电聚合物聚吡咯在 1.0~2.0GHz 对电磁波的衰减达 26dB。中科院化学所的万梅香等人研制的导电高聚物涂层材料，当涂层厚度在 10~15μm 时，一些导电高聚物在 8~20μm 的范围内的红外发射率可小于 0.4。

B 复合型红外隐身材料

复合型红外隐身材料主要有涂料型隐身材料、多层隐身材料和夹芯材料。[5]

(1) 涂料型隐身材料。涂料型红外隐身材料一般由黏合剂和填料两部分组成。填料和黏合剂是影响红外隐身性能的主要因素，相关研究大多针对热隐身。

(2) 多层隐身材料。多层隐身材料中最常见的是涂敷型双层材料。一般由微波吸收底层和红外吸收面层组成。德国的 Boehne 研制了一种双层材料，底层有导电石墨、碳化硼等雷达吸收剂（75%~85%），Sb_2O_3 阻燃剂（6%~8%）和橡胶黏合剂（7%~18%）组成，面层含有在大气窗口具有低发射率的颜料。国内研制出了面层为低发射率的红外隐身材料，内层雷达隐身材料可用结构型和涂层型两种吸波材料的双层隐身材料。

(3) 夹芯材料。夹芯材料一般由面板和芯组成。面板一般为透波材料，芯为电磁损耗材料和红外隐身材料。

5.5.3.4 纳米复合隐身材料

A 纳米复合隐身材料的隐身机理

由于纳米材料的结构尺寸在纳米数量级，物质的量子尺寸效应和表面效应等方面对材料性能有重要影响。隐身材料按其吸波机制可分为电损耗型与磁损耗型。电损耗型隐身材料包括 SiC 粉末、SiC 纤维、金属短纤维、钛酸钡陶瓷体、导电高聚物以及导电石墨粉等；磁损耗型隐身材料包括铁氧体粉、羟基铁粉、超细金属粉或纳米相材料等。下面分别以纳米金属粉体（如 Fe、Ni 等）与纳米 Si/C/N 粉体为例，具体分析磁损耗型与电损耗型纳米隐身材料的吸波机理。

(1) 金属粉体（如 Fe、Ni 等）。随着颗粒尺寸的减小，特别是达到纳米级后，电导率很低，材料的比饱和磁化强度下降，但磁化率和矫顽力急剧上升。其在细化过程中，处于表面的原子数越来越多，增大了纳米材料的活性，因此在一定波段电磁波的辐射下，原子、电子运动加剧，促进磁化，使电磁能转化为热能，从而增加了材料的吸波性能。一般认为，其对电磁波能量的吸收由晶格电场热震动引起的电子散射、杂质和晶格缺陷引起的电子散射以及电子与电子之间的相互作用三种效应来决定。

(2) 纳米 Si/C/N 粉体。纳米 Si/C/N 粉体吸波机理与其结构密切相关。

M. Suzuki 等人对激光诱导 $SiH_4+C_2H_4+NH_3$ 气相合成的纳米 Si/C/N 粉体，提出 Si（C）N 固溶体结构模型。其理论认为，在纳米 Si/C/N 粉体中固溶了 N，存在 Si（N）C 固溶体，而这些判断也得到了实验的证实。固溶的 N 原子在 SiC 晶格中取代 C 原子的位置而形成带电缺陷。在正常的 SiC 晶格中，每个碳原子与四个相邻的硅原子以共价键连接，同样每个硅原子也与周围的四个碳原子形成共价键。当 N 原子取代 C 原子进入 SiC 后，由于 N 只有三价，只能与三个 Si 原子成键，而另外的一个 Si 原子将剩余一个不能成键的价电子。由于原子的热运动，这个电子可以在 N 原子周围的四个 Si 原子上运动，从一个 Si 原子上跳跃到另一个 Si 原子上。在跳跃过程中要克服一定的势垒，但不能脱离这四个 Si 原子组成的小区域，因此，这个电子可以称为"准自由电子"。在电磁场中，此"准自由电子"在小区域内的位置随电磁场的方向而变化，导致电子位移。电子位移的弛豫是损耗电磁波能量的主要原因。带电缺陷从一个平衡位置跃迁到另一个平衡位置，相当于电矩的转向过程，在此过程中电矩因与周围粒子发生碰撞而受阻，从而运动滞后于电场，出现强烈的极化弛豫。

B　纳米复合隐身材料的复合新技术

运用复合技术对不同的吸波材料进行纳米尺度上的复合可得到吸波性能大为提高的纳米复合隐身材料。近年来，纳米复合隐身材料的制备新技术发展十分迅速，新的复合技术主要包括以下几种：

（1）以在材料合成过程中于基体中产生弥散相且与母体有良好相容性、无重复污染为特点的原位复合技术。

（2）以自放热、自洁净和高活性、亚稳结构产物为特点的自蔓延复合技术。

（3）以组分、结构及性能渐变为特点的梯度复合技术。

（4）以携带电荷基体通过交替的静电引力来形成层状高密度、纳米级均匀分散材料为特点的分子自组装技术。

（5）依靠分子识别现象进行有序堆积而形成超分子结构的超分子复合技术。

材料的性能与组织结构有密切关系。与其他类型的材料相比，复合材料的物相之间有更加明显并成规律化的几何排列与空间结构属性，因此复合材料具有更加广泛的结构可设计性。纳米隐身复合材料因综合了纳米材料与复合材料两者的优点而具有良好的对电磁波的吸收特性，已经成为材料学研究的热点之一。

5.5.3.5　其他隐身材料

A　电路模拟隐身材料

该技术是在合适的基底材料上涂敷导电的薄窄条网络、十字形或更复杂的几何图形，或在复合材料内部埋入导电高分子材料形成电阻网络，实现阻抗匹配及损耗，从而实现高效电磁波吸收。这种材料能在给定的体积范围内产生高于较简单类型吸波材料的性能。但对每一种应用，都必须运用等效电路或二维周期介质论在计算机上进行特定的匹配设计，而且涉及计算比较麻烦。

B 手征隐身材料

所谓的手征是指一个物体无论通过平移或旋转都不能与其镜像重合的性质。研究表明，手征材料能够减少入射电磁波的反射并能够吸收电磁波。在基体中掺杂手征结构物质还可形成手征复合材料。

C 红外隐身柔性材料

这种材料是指以织物为中心开发的各种红外隐身材料，常常以高性能纤维织物为基础。

美国特立屈公司（Teledync Industries Inc.）设计出一种红外隐身效果较好的隐身服，它由多层涂层织物复合加工而成。基布采用多孔尼龙网，并在表面镀银，再在基布上粘贴具有不同红外发射率的布条，布条的一端可以自由飘动，同时控制布条表面涂层面积的大小和形状。这种隐身服可以与背景保持一致，从而保证人体的红外特性难于被红外探测器探测到。

5.5.3.6 研究前景展望

当前，武器装备的发展呈现出“精确化、隐身化、信息化”的特点，世界各军事强国均投入了大量财力物力来发展隐身技术，从国内外当前研究热点来看，隐身材料有如下几个重点的发展方向[2]。

（1）实用化。为保障飞行器隐身性能，其所用隐身材料，特别是隐身涂层的施工、维护十分重要。如B-2隐身轰炸机早期所用的隐身涂层，每飞行1h至少需要50h维护，维护效率低、成本高，大大影响了作战效能。因此，美国在研发和提高隐身材料性能的同时，对隐身材料的实用化也进行了大量研究，包括飞机用隐身涂层喷涂、修补、去除以及现场性能检测等工艺技术。近年来，美国开发了一种由机器人喷涂的替代性高频材料（AHFM)，用于替代B-2上原先为填补飞机外表面缺陷所使用的3000多英尺吸波带（如维护口盖附近的吸波带)，从而极大地简化了B-2的维护工作，使维护时间从数天减至数小时。

（2）轻质化。降低质量可以增加飞行器射程并提高有效载荷，相对于其他武器装备而言，质量轻量化对于飞行器而言意义更为重大，因此轻质隐身材料一直是其发展的主题和重点。

（3）多频谱。战场探测系统的多频段性对隐身材料提出了多频段兼容的要求。从20世纪80年代以来，国外就开展这方面的研究，并陆续取得了一些成果。据报道，F-117A采用了一种加有改性碳分子的涂层，不仅可以吸波，还能抑制3~5μm及8~12μm红外波的辐射；美国已在其战略导弹弹头上采用了雷达/红外多频谱隐身材料，用于弹头的中段和再入初期隐身；俄罗斯的

“白杨-M”弹头采用了吸收雷达波和降低红外特征的材料，实现了雷达隐身与红外隐身一体化。

（4）多功能。战场环境复杂多变，武器系统除面临探测威胁外，还可能面临各种高温、核等恶劣环境。因此，对单一隐身涂层提出了多功能的要求，如隐身-防热、隐身-抗核加固、隐身-抗激光加固等。国外的多功能材料研究始于20世纪70年代，如美国研究了防热、隐身、抗核一体化的功能防热材料，近年来的国际交流中也发现俄方在多功能隐身材料上开展了很多的研究工作，并已在弹头上得到应用。

（5）智能化。智能隐身材料是新一代的隐身材料技术，具有感知、信息处理、自我指令并对环境信号作出最佳响应的功能，为实现武器系统的智能隐身提供了可能，具有重大的军事应用价值。

（6）耐高温。超声速巡航飞行器飞行过程中，弹体外表面热平衡温度达到600℃以上，用于弹体外表面的隐身材料必须具有耐高温、防热、隔热功能，因此研制耐高温隐身材料尤为重要和急迫，也是后续飞行器隐身材料发展的主要方向之一。

5.5.3.7　折射光线及物体周围其他的电磁射线隐身

A　基本概述

英美研究人员发明的材料，是用来折射光线及物体周围其他的电磁射线，让这些光线和射线给人“隐身”的感觉。

美国宾夕法尼亚大学的电子与系统工程教授纳达尔·恩格赫塔正在用一种被称为超材料（Metamaterials）的新奇材料，研制隐形服。英国物理学家彭德利和同事也使用元材料，它能让电磁射线比如无线电波或可见光等，向任何方向折射。

用这种材料制成的外衣，既不反射光线也不投射阴影，就像一条小河沿着一块平滑的大石头流淌一样，折射光线和电磁射线，照射到斗篷上后就顺着衣服“流走”了，就好像从未碰到障碍物一样。旁人无法用肉眼在衣服上看到光线，一切就像是消失了。

美国东北大学的物理学家、切尔顿微波公司的设计工程师帕坦加利·帕里米说：“如果有人穿上用这种材料制作的斗篷，他就能隐身”。

B　需要克服四大技术难关

（1）为达到完全隐形的效果，通过离被隐形物体最近的光波，必须以超过相对论的“光速极限”（注：在爱因斯坦的相对论中，光速无法被超越。）的方式偏转。幸运的是，爱因斯坦的理论允许平滑光脉冲经历这样的转变。

（2）隐形效果只对特殊范围的波长有作用，只能在非常小的频率范围内发挥效果。

(3) 防护罩可用于覆盖任何形状的物体，但不能飘动。移动的物体会破坏隐形效果。

(4) 研制出针对雷达的隐形材料还相对容易，其内部结构用毫米计算即可。但要研制出针对视觉的隐形材料，则难度很大，其结构必须是纳米（注：十亿分之一米）级别的。此外，科学家还要考虑使潜艇和军舰等更重更大的物体隐形。

C 军民两用前景广阔

隐形技术在军用和民用方面的前景很广阔。例如，可研制一种容器遮蔽核磁共振扫描仪干扰；可建隐形罩以避免障碍物阻挡手机信号；甚至可在炼油厂上建一个隐形罩，使它不影响海边的美丽风景。医生手术所戴的手套使用“隐形”技术，医生动手术的手就会变得“透明”，不会挡住需要手术的部位。飞机驾驶舱的底部“穿”上“隐形衣”，飞机着陆时，驾驶员就能很清楚地看到地面跑道的情况，着陆时就更安全。

科学技术的不断发展使得各种可探测技术、隐形材料层出不穷，以往只能在科幻小说里见到的隐形兵器、隐形人，而今已悄然走出实验室，出现在信息化战场上。尤其伴随隐形飞行器、隐形战斗车辆、隐形舰艇、隐形弹药的出现，单兵隐形技术也从实验室走上了战火纷飞的阵地。

隐形技术并非让人从人间蒸发，而是利用光学原理、电磁原理，使自己在敌人的视觉、光学侦察器材、红外侦察器材前不可见，或与环境融合而不可辨。随着隐形技术和隐形装备的不断发展，身着隐形衣的作战人员涌向未来战场，必将给传统的侦察设备带来全新挑战，同时，也必将推动隐形与反隐形对抗技术的加速发展。

D 各种隐形衣

反可见光侦察隐形衣。它印有与大自然主色调一致的6种颜色构成的变形图案。这些图案是经过计算机对大量丛林、沙漠、岩石等复杂环境进行统计分析后模拟出来的。它可使着装者的轮廓产生变形，其细碎的图案与周围环境完全融合，即使目标在运动也不易被发现。

反红外侦察隐形衣。它由精选的6种颜色作为染料，并掺进特殊化学物质后制成。该隐形衣与周围自然景物反射的红外光波大致相似，颜色效果更接近大自然的色彩环境，以此迷惑敌人的视觉和干扰红外侦察器材。

变色隐形衣。它是一种由光敏变色物质处理过的化纤布制成的作战服，也可用光敏染料染在普通布料上制成。不论是在绿色的丛林、黄色的沙滩、蓝色的海洋还是白雪皑皑的原野，隐形衣都会根据周围环境的变化而自动改变颜色，着装者能够很容易地接近袭击目标，而不易暴露自己。

视而不见的透明服。日本东京大学工程学教授田智晋也研发出一种神奇的“透明服”，可以从人前看到人后的一切，从而达到“视而不见”的隐形效果。其原理是利用透明服后的摄像机，把影像传送并映射到前面具有反光功能的衣服表面，使人能看到着装者背后的影像，如同着装人是“透明”的。除研制、装备各种隐形衣外，国外还在研制用于集体防护的隐形帐篷。它用特殊材料制成，顶部和围墙采用隐形材料，支架和固定体采用塑料或复合材料，外形类似一个平台。它能有效地防敌雷达探测，保护作战人员免受弹片和轻武器杀伤，并且具有防光辐射、放射性沾染和化学武器的功能。

5.5.3.8　我国隐身材料的进展

中国成功研发新型隐身材料已经进入应用阶段。20 世纪 70 年代，冶金工业部钢铁研究总院利用羰基法制取纳米级及微米级羰基金属粉末。成功研发出高性能雷达隐身涂料。现将应用于吸波羰基铁粉末列举如下：羰基法包覆铁粉末，如表 5-29 列入的铁包覆玻璃球和铁包覆云母；表 5-30 和表 5-31 列入羰基铁粉末物理及化学性能；表 5-32 列入羰基铁粉末电磁性能。

表 5-29　羰基铁包覆粉末

名称	铁包覆量/%	核心粒度/μm	用途
铁包覆玻璃球	30~40	-105~+44	微波吸收
铁包覆云母	30~40	-105	

表 5-30　羰基铁粉末物理及化学性能

牌号	化学成分/%				粒度/μm	用途
	Fe	C	O	Ni		
FFN-1	25~35	≤1.5	≤3	余量	0.5~2.0	微波
FFN-2	60~70	≤1.5	≤3	余量	0.5~2.0	吸收

表 5-31　BASF 羰基铁粉末物理及化学性能

牌号	粒度 d_{50}/μm	Fe/%	C/%	N/%	O/%
EA	3	>97	0.8~1.1	0.8~1.2	0.4~0.7
EN	4	>97.8	0.8~0.9	0.8~1.0	0.2~0.4
EW	3	>96.8	0.7~0.9	0.7~1.0	0.4~0.7

表 5-32　微波吸收材料用的羰基铁粉末电磁性能

型号	XTB	XTK	XTZ	XTD	XTS	XTH
形状	圆棒形	长方块形	圆管形	尖劈形	圆柱体	环状
使用频带 Gc	1~26	1~26	2~18	2~18	2~18	2~18
衰减量 db/cm	>30	>30	>30	>30	>30	>30
工作温度/℃	<80	<80	<80	<80	<80	<80

中国科学家们研制了一种很薄的新材料，其表层是一层用于印刷电路板的物质，下方有半导体和铜片结构，通电后其可以在一定频率范围内吸收微波，且吸收的具体波段可调。这种材料可以降低任何它所覆盖的物体的雷达反射截面积，它将可以吸收不同频率的雷达波，吸波蒙皮的构成是：0.8mm 的 FR4，一种在印刷电路板上运用的材料；0.04mm 的一层铜和半导体结合的有源频率选择表面，再下面是 7mm 的蜂窝装材料，用于支持上面两层物体并将其与再下面的机体材料隔离开。

5.5.4 磁性医学功能药物

5.5.4.1 定义

磁性制剂是将药物与铁磁性物质共同包裹于高分子聚合物载体中。磁性载体由磁性材料和具有一定通透性，但又不溶于水的骨架材料所组成。用于体内后，利用体外磁场的效应引导药物在体内定向移动和定位集中，用体外磁场将其固定于肿瘤部位，释放药物，杀伤肿瘤细胞。这样既可避免伤害正常细胞，又可减少用药剂量，减轻药物毒副作用，加速和提高治疗效果，显示特有的优越性。此制剂还可运载放射性物质进行局部照射，进行局部定位造影，还可以用它阻塞肿瘤血管，使其坏死。

动物实验及临床观察证明，磁场具有确切的抑制癌细胞生长作用，可使患者肿瘤缩小，自觉症状改善等。

5.5.4.2 磁性载体要求

这种磁性载体由磁性材料和具有一定通透性但又不溶于水的骨架材料所组成。通常用的铁磁性物质应该具备如下特性要求：具有软磁材料特性（超顺磁性）；铁磁性物质颗粒尺寸为纳米级（<10nm）；铁磁性物质在身体条件下具有稳定性、无毒性。

5.5.4.3 磁性材料

通常采用的铁磁性物质有：磁铁矿、纳米羰基铁粉末、正铁酸盐、铁-镍合金、铁-钴-镍合金、铁-铝合金、三氧化二铁、氧化钴、三氧化二锰、BaFe12O19 及 RCOMnP 等。这些物质都具有较高的磁导率。

5.5.4.4 磁性微球（磁性材料+骨架微球）

注射用的磁性微球是由铁磁性物质的超微粒子和骨架（高分子聚合物）物质组成，作为抗肿瘤药物的载体。应用于血管内的磁性微球，必须具备如下条件，以求安全有效。

磁性微球必须具备的条件：

（1）代谢产物无毒，并可在一定时间内安全排出体外。

（2）微粒中所含的生物降解的磁性粒子直径应在 10~20nm 之间，最大的不能超过 100nm。

（3）磁性微球通常要求在 1~3μm 以下，其间保持一定相斥力，不聚集成堆，不堵塞血管，在毛细血管内能均匀分布并扩散到靶区发生作用。

（4）含有适当的铁磁性物质，在一定强度的体外磁场作用下，在大血管不停留，而在靶区毛细血管中停留。

（5）具有运载足够量的多种药物的能力，如酶类、化疗剂、免疫辅助剂及天然药物。

（6）具有合适的释放速率，停留在靶区时间内释放出大部分药物。

（7）具有一定的机械强度和生物降解速度，保证完全释放药物之前，磁性微球具有完整形状。

（8）表面性质具有最大的生物相容性和最小的抗原性。

5.5.5　磁性靶向药物制剂

5.5.5.1　概述

磁性药物靶向治疗方法，是靶向治疗的一种方法。它是通过磁性靶向系统对肿瘤部位进行治疗。磁靶向制剂的组成分为三个部分：铁磁性物质、药物及骨架材料。当磁靶向制剂进入人体内时，在外加磁场作用下，磁靶向制剂会定向移动集中在病灶处。增加病灶部位药物浓度，提高疗效。

磁性靶向药物制剂应该具有以下特点：颗粒直径小（纳米级），生物相容性好，降解性好，毒性低，高效靶向功能、定位浓度集中，载药量大、药物稳定、延长药物作用时间。

5.5.5.2　磁性靶向药物制剂的制取方法

一步法：磁性材料与高分子聚合物同时生成纳米级颗粒；二步法：首先制取磁性纳米级颗粒，再将纳米级磁性颗粒分散在携带药物的纳米球骨架上。主要方法：共沉积方法，蒸发方法，包覆方法。羰基铁络合物热分解制取纳米级铁或者四氧化三铁粉末。

5.5.5.3　羰基金属络合物热分解制取磁性靶向药物制剂

利用羰基金属络合物（五羰基铁、四羰基镍、八羰基钴络合物等）热分解可以获得纳米磁性颗粒、纳米磁性薄膜。它们可以是金属、合金及氧化物。如果在多孔基体骨架上进行热分解，则纳米磁性颗粒或者薄膜会沉积钉扎在孔内壁上，形成具有磁性的复合体。利用羰基金属络合物热分解制取纳米材料，不但尺寸非常均匀，而且尺寸可以控制。从目前的技术成熟程度来看，应该是具有独特的优越性。

（1）工艺流程非常简单。利用羰基金属络合物（五羰基铁、四羰基镍、八羰基钴络合物等）热分解可以获得纳米磁性颗粒、纳米磁性薄膜。工艺流程非常简单，只需要一步法就能够获得纳米磁性材料。

（2）尺寸非常均匀。图 5-17 给出了 α-铁纳米磁性颗粒。

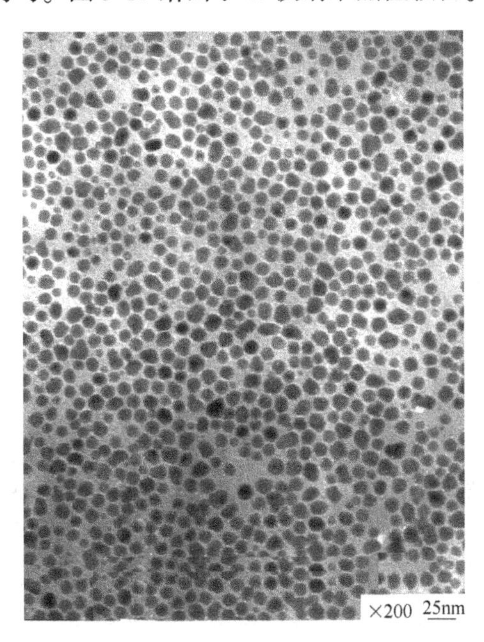

图 5-17 α-铁纳米磁性颗粒

（3）工艺流程。利用羰基金属络合物热分解法，制取纳米磁性颗粒的工艺流程与图 5-15 相同。

（4）产品应用。药物靶向成为现代给药技术之一。磁性纳米粒子与外加磁场或可磁化的植入物，可将颗粒递送到靶标区域，在药物释放时使颗粒固定在局部位点，因而药物可在局部释放。这个过程称为磁性药物靶向（Magnetic Drug Targeting，MDT）。近来，使用氧化铁磁性纳米粒子靶向给药的可行性越来越大。磁性球内核使用 Fe_3O_4 的磁性纳米粒子的直径小、灵敏度高、毒性低、性能稳定、原材料易得。Fe_3O_4 一般对人体不产生毒副作用，整个疗程所用的载体含铁量不超过贫血病人的常规补铁总量，除部分被人体利用外，其余的磁性粒子能通过皮肤、胆汁、肾脏等安全排出体外。纳米颗粒表面修饰的有机聚合物、无机金属或氧化物使它们具有生物兼容性，并适合连接具有生物活性的分子从而具有功能性。将药物递送到特定位点可消除药物的副作用，并降低用药剂量。

磁性纳米粒子在体内诊断方面的应用主要用于核磁共振成像。由于核磁共振成像在诊断上的发展，出现了一类新型药物——磁性药物。这些药物给病人服用后的主要用途是提高正常和患病组织的对比度（造影剂）和显示器官功能或血流情况。超顺磁氧化铁纳米粒子在体外、体内细胞和分子成像中成为一类新的探针。在核磁共振中使用超顺磁显影剂具有产生比顺磁的显影剂更强的质子弛豫的优点。因而，需要注射到体内的显影剂剂量更少。然而，核磁共振不便于进行原位监测。

磁性纳米粒子在生物医学领域已表现出独特的优势，目前对于它们在此领域的应用仍在快速增长。磁性纳米粒子在生物医学领域及其他领域必将发挥更大的作用。

5.5.6　注射成型材料[5]

5.5.6.1　概述

粉末冶金注射成型技术是集塑料成型工艺学、高分子化学、粉末冶金工艺学和金属材料学等多学科相互渗透与交叉的新型工艺专业。利用模具可注射成型坯件并通过烧结快速制造高密度、高精度、三维复杂形状的结构零件；能够快速、准确地将设计思想物化为具有一定结构的材料和功能材料特性完美结合的制品；可直接批量生产出宏观大到微观小的机械零件；是制造技术行业一次新的变革。该工艺技术不仅具有常规粉末冶金工艺工序少、无切削或少切削、经济效益高等优点，而且克服了传统粉末冶金工艺制品、材质不均匀、力学性能低、不易成型薄壁、复杂结构的缺点，特别适合于大批量生产小型、复杂以及具有特殊要求的金属零件。

粉末冶金注射成型（PIM，Powder Injection Molding）是传统粉末冶金与现代注射成型工艺相结合的一门新型成型技术。该工艺主要包括金属粉末注射成型（MIM，Metal Injection Molding）和陶瓷注射成型（CIM，Ceramic Injection Molding）。

粉末冶金注射成型的基本工艺流程是：首先将金属粉末与有机黏接剂均匀混合，制成金属粉末表面包覆一层有机物的颗粒。加热包覆颗粒在180~200℃下呈现流变状态，用注射成型机将流变体注入模内固化成型。然后用化学或热分解的方法，将黏结剂脱除，最后经烧结致密化得到最终产品。

该技术最大的特点是：与传统机械加工工艺相比，具有精度高、组织均匀、性能优异、生产成本低等特点；可以直接制取复杂形状的金属和陶瓷零部件，最大限度地减少机加工和节省原材料，是制取各种金属和陶瓷高性能零件的高效、节能、节材、环保、低成本、大批量生产的工艺。

该技术从20世纪70年代迅速发展以来，其产品广泛应用于电子信息工程、生物医疗器械、办公设备、汽车、机械、五金、体育器械、钟表业、兵器及航空航天等工业领域。因此，国际上普遍认为该技术的发展将会导致零部件成型与加工技术的一场革命，被誉为“当今最热门的零部件成型技术”和“21世纪的成型技术”。

5.5.6.2 PIM的优势

粉末冶金注射成型工艺具有以下优点：可以使得工件形成最终几何形状及尺寸；工件表面光滑，无二次加工；工件尺寸精度高；制取形状复杂的工件；自动化程度高；量产高等。

5.5.6.3 工艺流程

粉末冶金注射成型工艺流程包括：粉末制取→黏结剂选择→混合→制取复合颗粒→加热流变化→注射成型→脱脂→烧结→后处理。粉末冶金注射成型工艺流程如图5-18和图5-19所示。

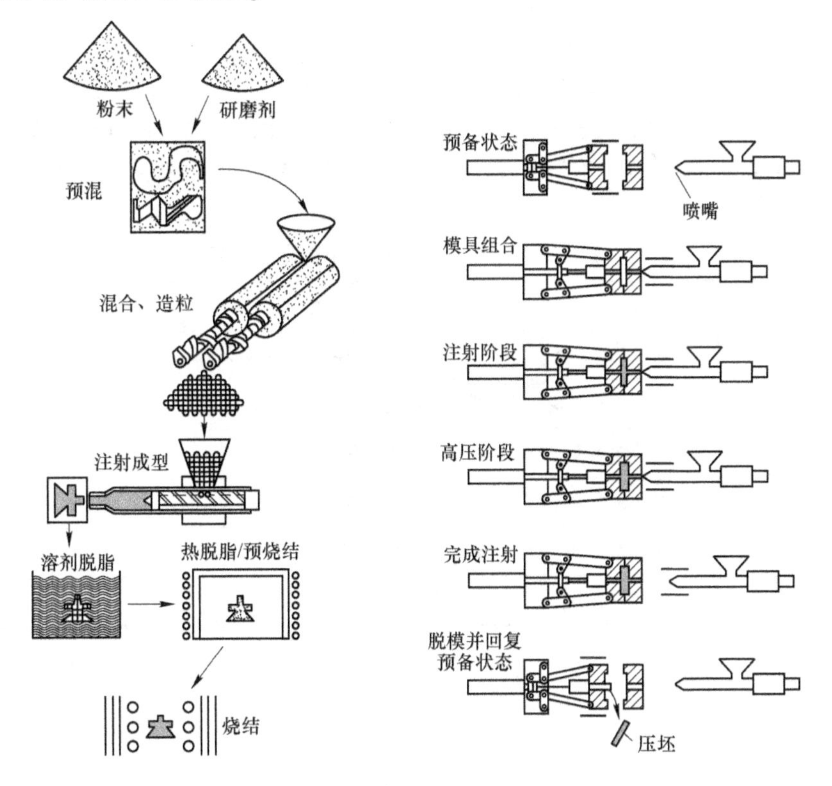

图5-18 粉末冶金注射成型工艺流程

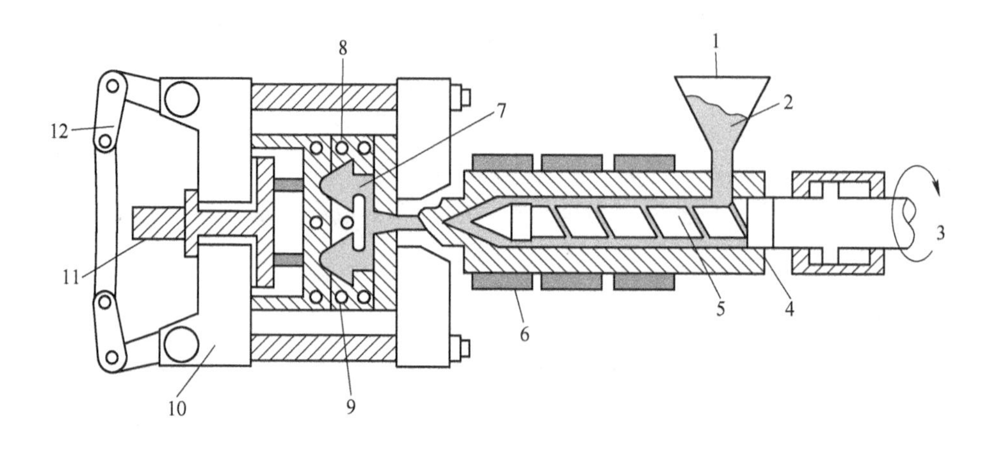

图 5-19　粉末冶金注射成型机构图

1—原料料斗；2—注射复合粉末；3—转轴；4—推进器外壳体；5—螺旋推进器；6—加热体；7—压块；8—冷却；9—模具；10—卡套；11—喷射装置；12—卡具

5.5.6.4　注射成型使用的粉末原料

A　注射成型用粉末的性能

PIM 工艺要求粉末粒径在 20μm 以下，相对松装密度为理论密度的 0.3～0.8 左右，一般在 0.6 左右。粒度分布宽有助于颗粒更好地填充空隙，提高振实密度，这能提高注射料中粉末含量。表 5-33 给出了理想的注射成型用粉末的性能。

表 5-33　理想的注射成型用粉末的性能

性　能	性能参数设计
粉末粒度	颗粒尺寸在 0.5～20μm 之间，中位径 d_{50} 在 4～8μm 之间
粉末粒度分布	粒度分布需要非常狭窄或者非常的宽，粒度分布斜度 S_w 的理想值为 2 或 8
松装密度	振实密度大于理论密度的 50%，无团聚现象
粉末形状	粉末颗粒为近球形，等轴，典型的长宽比约为 1.2
流动性	安息角大于 50°，颗粒致密，内部无孔洞
毒性	环境污染较小，颗粒表面干净

B　注射成型用粉末的种类

PIM 粉末的制造方法主要有机械破碎法、化学法、雾化法和化学沉积法。表 5-34 列出了一些常用的粉末制备技术以及所生产的粉末的性质。

表 5-34 一些细颗粒粉末生产技术对比

制取粉末方法	性能		材料	成本分析
	粒度/μm	形状		
气体雾化法	5~40	球形	金属、合金	中
水雾化法	6~40	不规则形状，近圆形	金属、合金	低
高速离心法	25~40	球形	金属、合金	中到高
氧化还原法	1~10	多边到圆形	金属	低
羰基冶金法	0.2~10	圆形到纺锤形	金属	中
化学气相分解	0.1~2	等轴形，针状	陶瓷	高
液相沉积法	0.1~3	多边形	金属、化合物	低到高
球磨法	1~40	角状，不规则形状	脆性材料	中
研磨法	0.1~2	不规则	陶瓷	中
化学反应法	0.2~40	圆形	化合物	高

C 粉末原料制取方法

(1) 机械研磨法。粉碎和研磨是制备脆性材料粉末的常用方法。陶瓷粉末通常就是使用机械粉碎法来制取的。其他的研磨技术还有气流破碎、搅拌破碎和高能振动球磨等。为了降低粉末在研磨过程中的氧化，研磨应该在惰性气体（如氩气）中进行，或在防氧化的液体介质（如无水酒精等）中湿磨，再在低温或真空中进行干燥。

(2) 化学法。还原法和羰基法都属于化学法。还原法是将已提纯的氧化物粉碎成细粉末，再通过还原气体如CO或H_2还原成金属粉。该法是生产W、Mo、Co、Ni、Fe及其合金粉末的主要方法。

(3) 雾化法。雾化法包括水雾化、气雾化、等离子体雾化和层流雾化法等。气雾化法一般用于制造金属粉末。熔融材料进入气体喷嘴而形成小液滴，小液滴在碰到雾化室壁前已经凝固。空气、氮气、氦气、氩气、水和油都可用作破碎熔体液流的流体。在喷嘴处，迅速膨胀的雾化介质可将熔体液流击碎。该法是一种很理想的制取高合金材料粉末的方法。表5-35列出了Osprayey公司高压气雾化法制得的粉末颗粒尺寸。

表 5-35 Osprayey公司高压气雾化法制得粉末颗粒尺寸

合金	304L	316L	317L	17-4PH	B10S	434	D2
中位径/μm	13.9	13.0	13.85	13.59	14.95	16.14	12.90
合金	M_2	T_{16}	T_{42}	FeSiB	FeCrNi	$Ni_{21}Cr_9Mo_4Nb$	
中位径/μm	15.8	10.43	12.57	14.21	10.45	10.49	

采用高压水流进行雾化可以生产应用于注射成型的近球形预合金化的粉末。雾化水流通常以接近100MPa的压力击碎熔融金属流，从而制得粒度在5~20μm的合金粉末。由于在水雾化过程中，粉末颗粒表面会被氧化，所以最终生产的粉末要进行还原。表5-36列出了日本ATMIX公司部分高压水雾化不锈钢粉末的性质。

表5-36　日本ATMIX公司水雾化316L不锈钢粉末的性质

牌号	平均粒径/μm	振实密度/$g \cdot cm^{-3}$	氧含量/10^{-6}	表面积/$m^2 \cdot g^{-1}$	开始生产年份
PF-20	10.1	3.75	4100	0.54	1986
PF-20F	9.6	4.50	3250	0.23	1997
PF-20R	9.1	4.87	2460	0.17	2000

（4）化学沉积法。化学沉积法包括气相沉积法和液相沉积法。液相沉积法在生产难熔金属、活性金属、陶瓷和复合粉末方面是非常有效的，Al_2O_3粉就是用液相沉积法制取的。

（5）羰基金属络合物热分解法。利用羰基金属络合物热分解制取羰基金属粉末。如羰基铁粉末、羰基镍粉末、羰基钴粉末、羰基钨钼粉末、合金粉末及包覆粉末等。设计热分解条件可以制取超细粉末、微米级粉末、合金粉末、包覆粉末的表面状态。羰基法制得的粉末纯度高、形状近球形，而且粒度细。如PIM最早使用的金属Fe、Ni粉就是用羰基法生产的。

中国羰基冶金的迅速发展，可以给粉末冶金专业提供注射成型原料。中国微米级羰基铁粉末是利用羰基铁络合物热分解制取微米级羰基铁粉末，热解器内部的气氛通常为一氧化碳气体或者是惰性气体（一般是氮气）。羰基铁粉末进入热解器料仓后经过钝化处理，筛分后密封包装。中国各厂家的羰基铁粉末，已经全部按国家颁布标准生产。

下面是中国制造注射成型使用的羰基铁粉末和羰基镍粉末，如图5-20~图5-23所示。

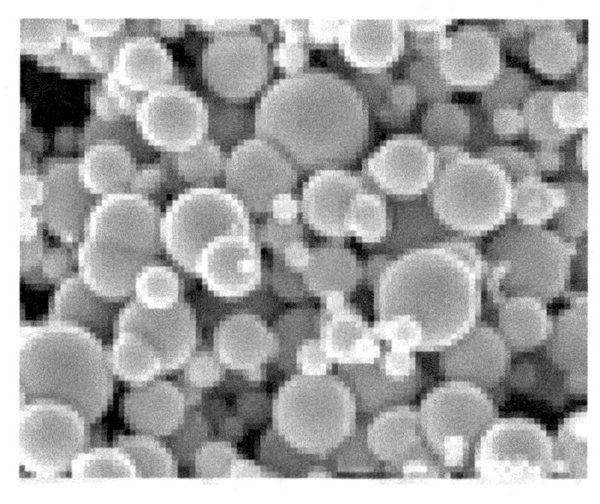

图5-20　吉林卓创新材料股份有限公司羰基铁粉末

图 5-21 金川集团公司羰化冶金厂羰基铁粉末

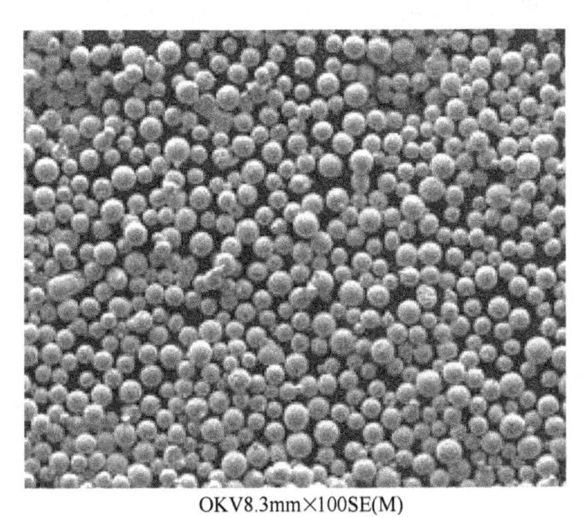

OKV8.3mm×100SE(M)

图 5-22 注射成型喂料扫描图像

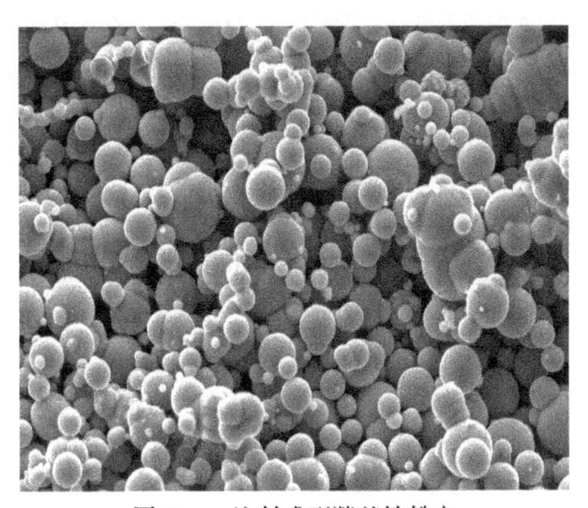

图 5-23 注射成型羰基铁粉末

5.5.6.5　有机胶黏剂

有机胶黏剂作用是黏接金属粉末颗粒，使混合料在注射机料筒中加热具有流变性和润滑性，也就是说带动粉末流动的载体。因此，黏接剂的选择是整个粉末的载体，也是整个粉末注射成型的关键。对有机黏接剂的要求有：

（1）用量少，用较少的黏接剂能使混合料产生较好的流变性；

（2）不反应，在去除黏接剂的过程中与金属粉末不起任何化学反应；

（3）易去除，在制品内不残留碳。

5.5.6.6　混合原料

把金属粉末与有机黏接剂均匀掺混在一起，使各种原料成为注射成型用混合料。混合料的均匀程度直接影响其流动性，因而影响注射成型工艺参数，以至最终材料的密度及其他性能。注射成型本步工艺过程与塑料注射成型工艺过程在原理上是一致的，其设备条件也基本相同。在注射成型过程中，混合料在注射机料筒内被加热成具有流变性的塑性物料，并在适当的注射压力下注入模具中，成型出毛坯。注射成型的毛坯微观上应均匀一致，从而使制品在烧结过程中均匀收缩。

5.5.6.7　萃取

成型毛坯在烧结前必须去除毛坯内所含有的有机黏接剂，该过程称为萃取。萃取工艺必须保证黏接剂从毛坯的不同部位沿着颗粒之间的微小通道逐渐地排出，而不降低毛坯的强度。黏结剂的排除速率一般遵循扩散方程。

5.5.6.8　烧结

烧结能使多孔的脱脂毛坯收缩至密化成为具有一定组织和性能的制品。尽管制品的性能与烧结前的许多工艺因素有关，但在许多情况下，烧结工艺对最终制品的金相组织和性能有着很大、甚至决定性的影响。

5.5.6.9　后处理

对于尺寸要求较为精密的零件，需要进行必要的后处理。这道工序与常规金属制品的热处理工序相同。

5.5.6.10　注射成型应用

（1）计算机及其辅助设施：如打印机零件、磁芯、撞针轴销、驱动零件。

（2）工具：如钻头、刀头、喷嘴、枪钻、螺旋铣刀、冲头、套筒、扳手、电工工具、手工具等。

（3）家用器具：如表壳、表链、电动牙刷、剪刀、风扇、高尔夫球头、珠宝链环、圆珠笔卡箍、刃具刀头等零部件。

（4）医疗机械用零件：如牙矫形架、剪刀、镊子。

（5）军用零件：导弹尾翼、枪支零件、弹头、药型罩、引信用零件。

（6）电器用零件：电子封装、微型马达、电子零件、传感器件。

（7）机械用零件：如松棉机、纺织机、卷边机、办公机械等。

（8）汽车船舶用零件：如离合器内环、拔叉套、分配器套、气门导管、同步毂、安全气囊件等。

参 考 文 献

[1] Бёлозерский Н А，Карбонилй Металлов. Москва：Научно. тёхничесоеиздательства，1958：35~45.

[2] БСыркин. Карбонильные Металлы. Москва：Метллургия，1978：111~117.

[3] 金志和．羰基铁粉末的制造工艺及特殊性能[J]．粉末冶金工业，1995，5（29）：169~173.

[4] 钢铁研究总院羰基实验室研究报告．微米级羰基铁粉末的制取，1980-8.

[5] 柳学全，滕荣厚．粉末冶金手册[M]．北京：冶金工业出版社，2012.

[6] 王炳根．气相沉积法制取包覆粉末[J]．中国钼业，1996，20（5）：16~20.

[7] 滕荣厚．金属磁性液体的制备及特性的研究[C] //第一届全国金属功能材料会议,1997.

[8] 滕荣厚．浅谈磁性液体[J]. 粉末冶金工业，2001(5)：48~49.

[9] 滕荣厚．浅谈磁性液体[J]. 粉末冶金工业,2001(6)：42~46.

[10] 滕荣厚，赵宝生．羰基法精炼镍及安全环保[M]. 北京：冶金工业出版社，2017.

[11] 李红云，柳学全，滕荣厚．磁流变液减震器[J]. 金属功能材料，2005，12（2）：38~41.

6 羰基法精炼铁车间的安全生产与环保

6.1 羰基法精炼铁工艺流程具有高度危险性[1~5]

羰基法精炼铁工艺流程的危险性主要表现在以下方面。

6.1.1 高压、高温

羰基法精炼铁的工艺是采用高压、高温（高压可达 250MPa，温度 250℃），即使是中压羰基法精炼铁工艺流程也同样具有危险性。

6.1.2 气体原料的危害

一氧化碳气体是合成羰基铁络合物的必备原料；硫化氢气体是羰基铁络合物合成的催化剂；羰基铁热分解过程中添加的氨气等。它们都是易燃、易爆、有毒气体原料。

6.1.3 中间产物羰基铁（镍）络合物的危害

羰基法精炼铁工艺流程中的中间产物是羰基铁络合物，但是也会混入少量羰基镍及羰基钴络合物。羰基金属络合物是有毒、易燃、易爆的有害物质。国内外制定空气中安全浓度标准。世界上每一个国家，对于羰基镍络合物在空气中的标准也不统一，中国于 1979 年制定羰基镍络合物的安全标准，规定羰基镍络合物气体在空气中的最高允许浓度为 0.00014ppm（0.001mg/m^3）。现将世界主要国家的羰基镍络合物安全标准列在表 6-1 中。

表 6-1 羰基镍络合物在空气中的最高允许浓度

国别	年份	最高允许浓度	
		ppm	mg/m^3
德国	1975	0.1	0.7
德国	1979	0.1	0.7
日本	1967	0.001	0.007
日本	1980	0.001	0.007

续表 6-1

国别	年份	最高允许浓度	
		ppm	mg/m^3
美国	1973	0.001	0.007
美国	1976	0.05	0.35
美国	1980	0.11	0.78
苏联	1976	0.00007	0.0005
中国	1979	0.00014	0.001

羰基铁络合物在德国于 1975 年规定：羰基铁粉末车间的空气中五羰基铁络合物含量不高于 0.8mg/m^3。目前，我国无卫生标准。

6.1.4 超细铁粉末的危害

超细铁粉末也是易燃、易爆的危险品。为此，羰基法精炼铁车间的安全生产及环境保护必须达到国家制定的标准。

6.2 羰基法精炼铁车间的主要有害物质及来源

6.2.1 羰基法精炼铁车间的主要有害物质

羰基法精炼铁车间的主要有害物质有：高纯度的一氧化碳气体、五羰基铁（液体及气体）、羰基铁粉尘及氨气等。

6.2.2 有害物质的来源及区域分布

（1）高纯度的一氧化碳气体。高纯度的一氧化碳气体主要来源于一氧化碳气体生产工序、一氧化碳气体压缩工序、羰基铁合成工序及羰基铁热分解工序。

（2）五羰基铁（液体及气体）。五羰基铁（液体及气体）主要来源于羰基铁合成工序、羰基铁贮存工序及羰基铁热分解工序。

（3）羰基铁粉尘。羰基铁粉尘主要来源于羰基铁热分解工序及羰基铁粉末产品库。

（4）氨气。氨气来源于羰基铁热分解工序。

（5）硫化氢气体。羰基铁络合物的合成工序。

6.3 有害物质的性质及毒性

6.3.1 一氧化碳气体

一氧化碳（Carbon Monoxide，CO）纯品为无色、无臭、无刺激性的气体。相对分子质量为28.01，密度为0.967g/L，冰点为-207℃，沸点为-190℃。在水中的溶解度很低，容易溶解于氨水。空气混合爆炸极限为12.5%~74%。

（1）一氧化碳气体的毒性。有资料证明，吸入空气中CO浓度为240mg/m^{3}共3h，Hb中COHb可超过10%；CO浓度达292.5mg/m^{3}时，可使人产生严重的头痛、眩晕等症状，COHb可增高至25%；CO浓度达到1170mg/m^{3}时，吸入超过60min可使人发生昏迷，COHb约高至60%；CO浓度达到11700mg/m^{3}时，数分钟内可使人致死，COHb可增高至90%。

（2）一氧化碳气体在空气中的允许浓度。我国车间空气中CO的最高允许浓度为30mg/m^3。

6.3.2 五羰基铁

（1）五羰基铁的性质。相对分子质量：195.90；熔点：-21℃；沸点（101.325kPa）：105℃；液体密度（101.325kPa，21℃）：1457kg/m^3；气体比热 Cp（25℃）：886J/（kg·K）；燃点：320℃；蒸气压（30℃）：5.7kPa，蒸气压（50℃）：14.5kPa，蒸气压（80℃）：46kPa；易燃性级别：4；毒性级别：4；反应活性级别：3。羰基铁是不稳定的易燃性化合物，能自燃，与氧化性化合物激烈反应。它不溶于水，溶于醇、醚、苯及浓硫酸。

（2）五羰基铁的毒性。五羰基铁的毒性级别：4；急性毒性：LD5012mg/kg（兔经口）；240mg/kg（兔经皮）；22mg/kg（豚鼠经口）；LC507g/m^3/10M。

（3）五羰基铁在空气中的允许浓度。德国于1975年规定：羰基法精炼铁车间的卫生标准为0.8mg/m^3。目前，我国无卫生标准。

6.3.3 铁粉尘

（1）铁粉尘的毒性。铁粉尘被摄入时，不论是通过哪个渠道，都可以造成组织中铁的病理沉积。这有可能导致胰腺的纤维化、糖尿病和肝硬化。严重的血色沉着病，一种基因异常导致的铁吸收过量病，它的临床症状有皮肤色素沉着、糖尿病、伴随着肝功能紊乱的肝肿大并出现垂体功能减退。

（2）铁粉尘在空气中的允许浓度。政府限制可接受的铁化合物平均接触（基于每天8h的暴露）如下（mg/m^3）：氧化铁粉，10；福美铁，15；铁钒（合金）粉尘，1。空气中氧化铁极限值（TLV）也是10mg/m^3。如果要预防肺铁末沉着症，需要5mg/m^{3}的上限。

6.3.4 氨气

（1）氨气的性质。无色气体，有刺激性恶臭味。分子式NH_3。相对分子质量17.03。蒸气与空气混合物爆炸极限为16%~25%（最易引燃浓度17%）。氨在

20℃水中溶解度为34%，25℃时，在无水乙醇中溶解度为10%，在甲醇中溶解度为16%，溶于氯仿、乙醚，它是许多元素和化合物的良好溶剂。水溶液呈碱性，溶液pH值为11.1。遇热、明火，难以点燃而危险性较低；但氨和空气混合物达到上述浓度范围遇明火会燃烧和爆炸，如有油类或其他可燃性物质存在，则危险性更高。

（2）氨气的毒性。人吸入LCLo：5000ppm/5M。大鼠吸入LC50：2000ppm/4H。小鼠吸入LC50：4230ppm/1H。对黏膜和皮肤有碱性刺激及腐蚀作用，可造成组织溶解性坏死。高浓度时可引起反射性呼吸停止和心脏停搏。人接触553mg/m^{3}可发生强烈的刺激症状，耐受1.25min；3500~7000mg/m^{3}浓度下可立即死亡。

6.4　羰基法精炼铁车间的工艺流程及土建设计要求[5~9]

6.4.1　羰基法精炼铁车间的工艺流程设计要求

（1）工艺布置要紧凑。在满足生产、检修及安全生产的条件下，羰基法精炼铁车间的工艺布置一定要紧凑。

（2）各个工序隔离。羰基法精炼铁车间的高危险工序（CO气体制造、气体压缩、羰基铁合成、羰基铁贮存及热分解工序）要进行隔离。每一个工序要独立空间，互不串通，避免一个工序出事故会殃及其他工序。

（3）生产车间与人员活动区分离。生产厂房与人员的活动场所要分开。要求控制室、办公室、休息室及人行走廊的空间压力保持3~5mm水柱高，以防止有害物质向人员活动区扩散。

（4）自动化及监控。羰基铁生产车间尽量采用自动化控制；生产中的主要工序及主要设备要实施监控。一方面保证产品质量，另一方面保障生产安全。

6.4.2　羰基法精炼铁车间的土建设计要求

（1）防爆墙与泄爆面。羰基法精炼铁车间是具有高压、易燃、易爆的高危险区。在CO气体压缩、羰基铁合成、贮存及热分解制粉生产工序一定要设计防爆墙及泄爆面。

（2）羰基铁液体贮存要求。羰基铁液体贮存间要求避光。

（3）地面要求。地面为水泥面，防止液体羰基物泄漏后渗透到地下。

（4）安全生产通道。每个工序设计安全生产通道；在二层以上的建筑，设计户外楼梯及应急平台。

6.5　羰基法精炼铁车间的设备要求

（1）设备密封性好。羰基法工艺中使用的所有设备，必须具有坚固、耐压及耐温度的性能，特别是高压反应釜和液体处理系统，必须具有很高的安全生产系数。凡是接触到羰基物的容器，无论是压力容器或者是非压力容器，都应该达到所要求的密封性能。

（2）设备的连接及管道要求。基于对配件和阀门的安全生产系数考虑，尽量少用直径 1in 或者更小的管子。在加压或者有液体的设备中不允许螺纹连接。压力容器要定期进行无损探伤及水压试验。

（3）羰基物输送中的阀门要求。羰基法精炼铁车间的羰基铁输送的管道阀门采用双保险方式。一般是自动控制阀门和手动阀门串联，一旦自动阀门失灵，应立刻关闭手动阀门，避免事故的发生。

（4）维修及清洗。必须保障所有的设备易于隔离、清洗残留的有毒物质、便于检修及维护。使得中毒的危险性降到最低。

6.6　羰基法精炼铁车间的通风要求[8~10]

羰基法精炼铁（镍）车间是属于高压、剧毒、易燃、易爆的高危险区。羰基法精炼铁（镍）车间，从开始生产的那一刻起，车间的通风机组（排风及送风）就不间断的运转。车间所有泄漏的有害气体，首先是通过通风系统将有害物质降低到安全生产标准的浓度以下，而后输送到燃烧炉。它不仅为操作人员提供一个安全生产的工作环境，同时也保护车间周边的环境。因此，在车间所有的安全生产防护措施（防爆、监测及人员防护等）中，通风是安全生产及环境保护极为重要的一环。

为确保安全生产，羰基法精炼铁（镍）车间的工艺流程及设备一定要做到精心设计。关键工序要安装灵敏的监视系统、完善的防护设备、必备的紧急事故处理措施、有效的安全生产保障，人员的培训持证上岗也是不容忽视的环节。

6.6.1　通风系统是保障安全生产最重要的环节

通风系统对羰基法精炼铁（镍）车间的安全生产是头等重要的。因为羰基镍和羰基铁都是属于剧毒、易燃、易爆的有害物质。在生产过程中，这些有害物质的泄漏是不可避免的。所以，从开始生产的那一刻起，通风系统就日夜不间断地工作。为了使生产车间空气达到安全生产及环境保护标准，羰基法精炼铁（镍）车间必须按设计要求配置通风（排风及送风）系统。必须清楚地认识到：羰基法精炼铁（镍）车间没有通风系统不行；达不到设计要求的通风系统不但不行，而且更可怕、更有害的是花钱招灾惹祸。

首先，了解一下通风系统对羰基法精炼铁（镍）车间的安全生产所起的主要作用。

（1）提供一个安全生产的工作环境。要想使羰基法精炼铁（镍）车间的有害物质的浓度达到安全生产标准（中国于1979年制定羰基镍的安全生产标准规定，羰基镍气体在空气中最高允许浓度为0.00014ppm（0.001mg/m^3）），可以毫不夸张地说：达到安全生产标准主要是依靠通风系统来实现的，因为通风系统保障车间的换风次数为6~10次/h（实际感受：高压合成工序工作间的防爆铁门一个人难以拉开；人站在排风口处裤腿立刻紧紧地裹在腿上）。再加上紧急事故通风系统，即使在有泄漏的情况下，也能够为操作人员提供一个安全生产的工作环境。

（2）提供一个环保的环境。羰基法精炼铁（镍）车间的羰基镍及羰基铁等有害物质，在排放之前，首先是通过抽风系统将有害气体送到燃烧炉，通过燃烧来破坏羰基镍及羰基铁气体，使得排放的尾气达到排放标准，起到保护环境的作用。

（3）防事故于未然。因为车间的报警系统与通风系统是连锁的（吉林吉恩镍业股份有限公司已经从加拿大引进羰基镍分析报警仪），所以，当车间的有害物质的浓度达到或超过警报极限时，在报警的同时启动事故通风系统，通风系统能够迅速地将车间泄漏的有害物质及时地抽到焚烧炉，使得空间中有害气体浓度瞬间降低到燃烧及爆炸极限，避免发生羰基物的燃烧及爆炸危害。进行安全生产的排放，不会污染环境。

（4）使事故状态转为安全生产状态。当遇到突发事故时，车间的所有通风系统全部开启，使得车间的换风次数>20次/h。在抽风的同时连锁开启惰性气体贮罐及消防系统，迅速地降低车间有害物质的浓度，将车间泄漏的有害物质的浓度降低到安全生产标准以下，防止泄漏的羰基镍及羰基铁产生燃烧及爆炸。如1965年钢铁研究总院羰基镍实验室，高位槽放料管道破裂，羰基镍似水流喷出，实验室瞬间变成雾霾状态。但是，由于具有强大的通风系统，没有引发燃烧和爆炸。

（5）为事故状态时提供一个抢救条件。当羰基镍或羰基铁在某个部位发生泄漏时，通过联动系统迅速启动事故通风系统，可以使得抢救人员在安全生产的条件下进行抢修。

（6）为设备检修及维护创造条件。设备检修时发生中毒事故也屡见不鲜，通风系统为检修的工作人员提供了一个安全生产的工作环境。

此外，通风系统还能够为操作人员提供新鲜空气；为人员活动空间提供微正压空间；为车间提供一个微负压空间。由于车间是密封的，通风系统可以保持车间的微负压状态，避免有害气体向车间外渗透，污染环境。

6.6.2 羰基法精炼铁（镍）车间通风所要遵循的原则

由于羰基镍和羰基铁都具有易挥发、渗透强及比空气密度大的特点，所以，通风设计必须遵循以下的原则：

（1）通风系统遵循上进下排的原则。由于羰基镍和羰基铁的蒸气密度远大于空气的密度（其中羰基镍的蒸气密度是空气的5.9倍），所以，送风系统在车间上方，而排风系统在下方，将通过设在地面下方的地沟排放有害气体。但是，一氧化碳发生系统的通风设置相反，下进上排（因为一氧化碳的气体密度为0.967g/L（比空气轻））。

（2）通风系统遵循排风量大于送风量的原则。通风系统排风量大于送风量的主要目的是将有害气体迅速地排出，另外是为车间的空间造成微负压状态。

（3）送风系统取气口的距离按事故状态取值。送风系统取气口的距离是按产量值来计算，考虑到事故状态的送风因素，所以，送风系统取气口的距离应该不得小于计算值的2倍。

（4）送风口和排风口设在主设备的一条垂直线上。送风口及排风口与设备处在一条垂直线上时，会形成一个气流柱。由于流体的内部压力低于周围不流动的空气压力，混入气流中的有害气体不利于向四周扩散，从而达到迅速排出的目的。

6.6.3 羰基法精炼铁（镍）车间通风所要遵循的技术指标

在国外大规模现代化的羰基法精炼铁（镍）车间，如加拿大的铜崖精炼厂，英国的科里达奇精炼厂及俄罗斯诺列斯克精炼厂等，车间的换风次数不尽相同，但是，车间空气中有害物质都控制在安全生产标准浓度以下（INCO的铜崖精炼厂已达到ppb级）。通过对实验室及车间通风系统的实际考察与分析，认为理论计算与实际经验值进行权衡后，所获得的通风系统的设计参数更具有实际意义。具体可归纳为以下几个方面。

（1）羰基法精炼铁（镍）车间换风次数的技术指标。由于每一个国家的安全生产标准有所差别，因此，国内外羰基法精炼铁（镍）车间的换风次数也不尽相同。INCO铜崖精炼厂车间内空气每小时彻底地更换6~10次；俄罗斯诺列斯克精炼厂最高的可达20次/h。我国羰基法精炼镍车间的换风次数为6~10次/h。

（2）排风量与进风量的技术指标。羰基法精炼镍车间的排风量一定要大于进风量，一般要求排风量换风次数为8~10次/h，而进风量的换风次数为6~8次/h（车间呈现微负压）。

（3）事故排风技术指标。羰基法精炼铁（镍）车间一定要配置紧急事故排风系统。当车间发生意外泄漏事故时，打开备用的事故排风机。此时，车间只有抽风而不送风，防止CO和羰基物的混合气体与空气混合引发爆炸。应该特别强调在事故状态时，车间内总的排风量不能低于送风量的15倍，换风次数不能低于 20 次/h。

（4）通风换气设施的技术指标。羰基法精炼铁（镍）车间要按照设计要求的标准配置通风。抽风机组与送风机组配置两套，一用一备；进入厂房的新鲜空气不需要加热；而进入控制室、办公活动场所及休息室的空气温度可以高一些，温度可以控制在 18℃左右。

（5）进风装置的技术指标。送风机的进风口设置，要根据当地的气象资料设置于上风头；进风口配置换向装置，设计两个进风口，以便根据风向突变调整进气口。根据风向决定打开哪一个进风口，使得厂房排出的尾气不会返回到进风口，保障车间吸入新鲜空气。考虑到事故状态，所以，进风口与车间距离不得低于计算值的 2 倍。

（6）操作区输送新鲜空气。在通风系统中，一定要在操作人员的工作区安装输送新鲜空气的管道，不断地将新鲜空气输送到操作人员活动的空间。

（7）送风口罩。羰基法精炼镍车间必须配置为送风口罩供应空气的系统，它是通过无油空气压缩机将抽来的空气增加压力，再输送到每一个工序。送风口罩一定要设置在门口，每一个工序一般设置 2~3 个接口，由耐压的透明塑料管道连接送风口罩。送风出口压力控制在 100~150mm 水柱高。

（8）车间的微负压控制。羰基法精炼镍车间一定具有良好的密封性，这样才能够保持车间的微负压状态，避免有害气体向车间外渗透。

（9）人员活动场所的微正压控制。要求中央控制室、办公室和休息室，保持高于车间压力 3~5mm 水柱高。采用 U 形压力计显示室内的压力，使得车间内的空气不能进入人员活动的场所。

（10）监测系统和报警装置的技术指标[3,6]。在车间里配有监视车间空气中有害物质的检测仪器（INCO 的铜崖精炼厂和克里达奇精炼厂配置的检测仪器，分析仪的灵敏度为 1~2ppb 范围，警报信号在 4ppb 时发出）。目前，国内只有吉林吉恩镍业股份有限公司引进羰基镍检测仪。钢铁研究总院于 1996 年研制出<羰基镍分析报警仪>检测极限为 0. 5ppm；响应时间为 2min。监测系统和报警装置一定与通风系统连锁。

（11）定期巡回检测。利用探漏喷灯，定期检测设备及接头，按要求每隔 4h 巡回检测一次。检测出微量泄漏时，可以经过整个车间的抽风机组排到燃烧系统。如果泄漏量不断增加，就马上安排停产检修。

6.7 确保通风系统达到最佳效果的配套措施

为了保障通风的效果，还需要车间构成的每一部分的配合。如：工艺流程布置、高压设备的密封、高压阀门的密封性、贮存羰基物容器的密封及建筑的特殊要求等。

6.7.1 羰基法精炼铁（镍）工艺流程的配套措施

（1）工艺流程布置要紧凑。羰基法精炼铁（镍）工艺流程中高压羰基合成系统、羰基物的贮存系统、羰基镍精馏系统及热分解的高位贮罐，尽量缩短连接管道的长度，减少管道接头，使设备占有的空间处在合理的极限范围内；尽量减少高浓度空间，这样通风系统才能够发挥作用。

（2）按工序分段隔离。从对国内羰基实验室到工业生产所发生的重大事故分析，认为：羰基法精炼铁（镍）工艺流程中的高危害点，要按工序进行合理的隔离。它不仅能够防止事故的蔓延，而且也是保障通风系统达到极佳效果的方法。羰基法精炼铁（镍）工艺流程，可以按工序进行如下隔离：一氧化碳气体发生系统、一氧化碳压缩机系统、高压一氧化碳气体贮存系统、高压循环系统、高压羰基物合成系统（包括高压合成釜、高压分离器、中压分离器、低压分离器）、羰基物贮存系统、羰基镍精馏系统、羰基物热分解等系统，分别布置在隔离的空间内。每一个被隔离的工序，根据有害物质的种类、染毒的程度来设置通风。

（3）设备尽量靠近地面。羰基法精炼铁（镍）工艺流程中设备应该直接安装在地面上，而且靠近排风地道。这样降低了车间高度，减少了车间的空间，有利于通风换气。

6.7.2 设备的要求[5]

（1）高压设备的要求。由于羰基法精炼镍（铁）车间生产的羰基镍及羰基铁是属于剧毒、易燃、易爆化学物质，工艺中涉及高压、高温状态，不允许检测出系统的超标泄漏。根据国内加工水平，高压反应釜工况为：压力 22MPa；温度 180℃时，高压反应釜的泄漏率控制为：24h 压力降<0. 05MPa，是可以正常工作的。羰基法工艺中使用的所有设备，必须具有坚固、耐压及耐温度的性能，特别是高压反应釜和液体处理系统，必须具有很高的安全生产系数。为确保设备质量，要选择具有三类压力容器设计资格的正规设计单位承担，压力容器要定期进行无损探伤及水压试验。

（2）管道及连接方式。基于对配件和阀门的安全生产系数考虑，尽量少用直径 2. 54cm 或者更小的管子。在加压或者有液体的设备中不允许螺纹连接，管道的连接一律采用法兰连接。管道的弯角不准许≤90°，要求>90°，主要是便于清理。

（3）阀门的要求。由于羰基镍和羰基铁极容易分解，所以在物料经过阀门时，容易在阀芯中进行分解，使得阀门失去密封性，从而导致事故。由阀门问题出现的事故占事故比例最大的经验证明：采用球阀门是比较理想的；自动控制的阀门应该采用气动阀门，绝对不能采用电动阀门；为了避免事故发生，一个气动阀门必须配备一个手动阀门；每一个阀门配有隔断器，防止火焰在管道中蔓延。安全生产阀门要定期校验。

（4）羰基物贮存容器的水封。羰基镍及羰基铁的贮存容器，一定要放在避光阴凉的房间。根据国外的经验，液体羰基物贮存容器放在水封池中，即使有泄漏物也会被水封住。泄漏的羰基物收集后统一处理。

6.7.3 车间厂房的建筑要求

羰基法精炼铁和镍车间建筑结构要符合剧毒、易燃、易爆的建筑标准。由于羰基铁、羰基镍具有特殊的性能，所以，建筑结构更要突出以下几个方面。

（1）按照工序建造防爆墙分段隔离和泄爆面。羰基法精炼铁和镍车间，应按照不同工序有害物质的种类，采用防爆墙分成几个单独隔离的空间，以便在有害气体逸出的情况下，能够迅速排出被污染的区域；特别在发生爆炸的情况下，冲击波先冲开泄爆墙而不会破坏临近工序。羰基法精炼车间的厂房要与控制室、休息室、办公室等部门彻底的分开而互不串通；工作人员的进出场所要设计两道门作为缓冲带。

（2）空间尽量小。羰基法精炼铁和镍车间空间尽量小，达到保障设备能够正常运行空间及检修所需要的空间即可。

（3）密封性好。羰基法精炼铁和镍车间的密封是保障车间维持负压状态的最基本条件，也是通风机组能够达到通风所要求的参数的保障。那种在墙壁上安装抽风机是不可取的。

（4）地面采用无遮盖栅格。为了使车间内空气有效地进行循环，所有的地面都采用无遮盖的栅格，栅格之间有一定的距离，确保循环气体流畅。

（5）围栅放电。当车间发生大量泄漏或者尾气消毒系统失效的情况下，含有大量有毒的羰基镍（铁）尾气排入烟道，在烟道里安装围栅放电装置，它能够在6000V的高压下放电火花，使残留的有害气体进一步燃烧分解，保证排入大气里的尾气达到环保标准。

羰基法精炼铁和镍车间的废气在排放之前，一定要经过燃烧炉焚烧后排放，排放的气体一定要达到环保标准（$0.8mg/m^3$）。

（6）羰基法精炼铁和镍车间内维持微负压。羰基法精炼铁和镍车间要控制抽风量大于送风量，使得车间内造成微负压。一方面避免生产车间里的一氧化碳气体及羰基铁的浓度达到爆炸浓度范围，另外也防止有害气体泄漏到车间外的空间中，污染环境。

6.8　羰基法精炼铁车间的供电要求

羰基法精炼铁车间内的电气设备，照明及开关全部采用防爆装置。

6.9　羰基法精炼铁车间的防火防爆措施

羰基法精炼铁车间及控制室配备防火控制柜。厂房有灭火的专用的水管，一旦发生火灾，水泵会自动启动喷射水灭火。还要配置足够量的干粉灭火器。

6.10　羰基法精炼铁车间的有害物质的监控

羰基铁生产车间的危险部位，要设置羰基铁及一氧化碳气体探测仪。控制室的报警可以及时反映有害物质的超标部位。

6.11　羰基法精炼铁车间的自动控制

羰基法精炼铁车间全面实现自动控制比较困难，凡是能够实现的部位尽量采用自动控制。一方面达到控制准确；另一方面减少人员的危险。

6.12　事故的处理

6.12.1　处理

事故发生后，首先是保护人员。一定要冷静地判断事故发生的部位在哪里？是什么物质？然后按照规程进行处理。无论事故大与小，一定要报告。

6.12.2　求助

当事故特别严重时，值班人员认为无能力处理时，应该及时用专线打求助电话，通知保安及消防部门。

6.12.3　医疗

羰基法精炼铁车间，一旦发生人员中毒事故时，要及时将中毒人员送往医院进行医疗。羰基铁的中毒治疗方法可以参考羰基镍中毒治疗标准（见附录）。

6.13　羰基法精炼铁车间工作人员的劳动防护

6.13.1　培训上岗

在羰基法精炼铁车间工作的岗位操作人员应具有中学毕业以上的文化程度，上岗前必须严格进行三个月以上的《操作规程及事故处理》培训，考试合格后持证上岗。

全体技术人员和工作人员每年要进行一次生产技术和安全生产操作规程的考试，考试合格后才能上岗工作。

6.13.2 安全生产防毒面具

每个人都有专用的安全生产防毒面具，进行统一编号，不能借给别人。当操作人员进入现场时，要把防毒面具与供新鲜空气的软管连接起来，呼吸新鲜空气（当出现事故浓度大时）。

6.13.3 严格执行危险技术操作规程

在羰基法精炼铁车间中的所有工作人员，都应严格执行技术操作规程和事故处理规程，严格的制度和严明的纪律是羰基铁安全生产和环境保护的根本保证。

6.13.4 双人巡逻制

进入有毒有害现场作业时，一定要求二人制，一人操作而另外一人在危险区以外监护。严禁单独一人在危险区进行作业。

6.13.5 严禁烟火

羰基法精炼铁车间的工作人员，严禁在厂区内吸烟。厂区严禁烟火。

参 考 文 献

[1] Бёлозерский Н А, Карбонилй Металлов. Москва: Научно. тёхничесоеиздательства, 1958, 27: 254~311.

[2] Wiseman L G. 国际镍公司铜崖镍精炼厂 [J]. 有色冶金, 1992 (2): 6~14.

[3] 崛口博. 公害与毒物, 危害物 [M]. 北京: 化学工业出版社, 1981.

[4] 周忠之. 化工安全生产技术 [M]. 北京: 化学工业出版社, 1993.

[5] 赵振华. 铝厂工人尿中 1-羟基芘的变化 [J]. 环境科学, 1992, 13 (1): 85~87.

[6] 李依, 等. 羰基镍生产中的事故风险及预防对策 [J]. 工业安全生产及防尘, 1998, 8: 22~26.

[7] 高宝军. 高压羰基法镍精炼设计 [J]. 有色冶炼, 2002 (4): 15~19.

[8] 常逢宁, 等. 羰基镍分析报警仪 [J]. 光谱实验室, 1997, 14 (1): 12~18.

[9] 大气污染物综合排放标准, GB 16297—96.

[10] 滕荣厚, 李一, 柳学全. 羰基法精炼镍铁车间的通风设置 [J]. 中国有色金属, 2010 (1): 19~24.

附　录

职业性急性四羰基镍络合物中毒诊断标准
Diagnostic Criteria of Occupational Acute Nickel Carbonyl Poisoning
GBZ 28—2002

职业性急性四羰基镍络合物中毒是在职业活动中短时期内接触较大量的四羰基镍络合物所引起的以急性呼吸系统损害为主要表现的全身性疾病。

1. 范围

本标准规定了职业性急性四羰基镍络合物中毒的诊断标准及处理原则。

本标准适用于职业性急性四羰基镍络合物中毒的诊断及处理。非职业性急性四羰基镍络合物中毒的诊断，也可参照本标准。

2. 规范性引用文件

下列文件中的条款通过本标准的引用而成为本标准的条款。凡是注日期的引用文件，其随后所有的修改单（不包括勘误的内容）或修订版均不适用于本标准，然而，鼓励根据本标准达成协议的各方研究是否可使用这些文件的最新版本。凡是不注日期的引用文件，其最新版本适用于本标准。

GB/T 16180 职工工伤与职业病致残程度鉴定

GBZ 73 职业性急性化学物中毒性呼吸系统疾病诊断标准

3. 诊断原则

根据短期内接触较大量的四羰基镍络合物职业史、呼吸系统损害的临床表现及胸部X线表现，结合血气分析，参考现场劳动卫生学调查，综合分析，排除其他病因所致类似疾病，方可诊断。

4. 刺激反应

有一过性上呼吸道刺激系统症状，肺部无阳性体征，胸部X线片无异常表现。

5. 诊断及分级标准

（1）轻度中毒。有头昏、头痛、乏力、嗜睡、胸闷、咽干、恶心、食欲不振等症状；体检可见眼结膜和咽部轻度充血，两肺闻及散在的干、湿性啰音；胸部 X 线检查正常或显示两肺纹理增多、增粗、边缘模糊。以上表现符合急性支气管炎或支气管周围炎。

（2）中度中毒。具有下列情况之一者：

1）咳嗽、痰多、气急、胸闷，可有痰中带血或轻度发绀；两肺有明显的干、湿性啰音；胸部 X 线片检查显示两肺纹理增强、边缘模糊，中、下肺野出现点状或斑片状阴影。以上表现符合急性支气管肺炎。

2）咳嗽、咳痰、气急较重；呼吸音减低；胸部 X 线检查表现为肺门阴影模糊增大，两肺散在小点状阴影和网状阴影，肺野透亮度降低。以上表现符合急性间质性肺水肿。

血气分析常呈轻至中度低氧血症。

（3）重度中毒。具有下列情况之一者：

1）咳大量白色或粉红色泡沫痰，明显呼吸困难，出现紫绀，两肺弥漫性湿性啰音；胸部 X 线片显示两肺野有大小不一、边缘模糊的片状或云絮状阴影，有时可融合成大片状或呈蝶状分布。以上表现符合肺泡性肺水肿。

2）急性呼吸窘迫综合征。血气分析常呈重度低氧血症。

6. 处理原则

（1）治疗原则。

1）立即脱离中毒现场，脱去被污染的衣物。清洗污染的皮肤及毛发，卧床休息，保持安静。严密观察并给予对症治疗。

2）纠正缺氧，给予氧气吸入并保持呼吸道畅通。

3）防治肺水肿，应早期、足量、短程应用糖皮质激素，控制液体输入量。可以应用消泡剂（二甲基硅油气雾剂）。

4）预防感染、防治并发症、维持电解质平衡。

5）重度中毒者可给予二乙基二硫代氨基甲酸钠（Dithiocarb）口服，每次 0.5g，每日 4 次，并同时服用等量的碳酸氢钠，根据病情决定服用天数，一般可连续服药 3~7 天，也可采用雾化吸入。

（2）其他处理。轻度、中度中毒患者治愈后可恢复原工作。重度中毒患者经治疗后仍有明显症状者应酌情安排休养，并调离四羰基镍络合物作业。如需劳动能力鉴定，按 GB/T 16180 处理。

7. 正确使用本标准的说明

见附录 A（资料性附录）。

附　录 A

（资料性附录）

正确使用本标准的说明

A.1 本标准适用于急性四羰基镍络合物中毒。其他羰基金属如羰基铁、羰基钴的急性中毒可参考使用。

A.2 本标准的诊断分级是根据呼吸系统的损伤程度而定，刺激反应是接触四羰基镍络合物后出现的一过性反应，尚未达到中毒程度，为了严密观察病情发展，便于及时处理，列入分级标准，但不属于急性中毒。

A.3 接触四羰基镍络合物工人疑有急性中毒可能时必须进行严密的临床观察。观察时间不少于 48h。

A.4 急性四羰基镍络合物中毒出现肺水肿，导致缺氧，血气分析 PaO_2 的测定可以了解机体缺氧程度，但正确判断病情时需结合临床及动态测定资料综合分析。

A.5 严重急性中毒常因缺氧而致心电图、肝、肾功能的改变。这些改变往往可随缺氧的纠正而恢复，故未列入诊断条款内。

A.6 急性呼吸窘迫综合征（ARDS）的诊断参照 GBZ 73。

A.7 为掌握中毒的全面病情，对重度中毒病人除胸部 X 线检查外，可根据病情选择检查心电、肝、肾功能。待呼吸系统急性症状缓解后视病人临床情况需要做肺通气功能测定。

A.8 早期应用二乙基二硫代氨基甲酸钠对四羰基镍络合物所致中毒性肺水肿有预防作用。

山西金池科技开发有限公司

山西金池科技开发有限公司成立于2009年5月。公司位于山西省太原市迎泽区东中环路巍峨的双塔之畔。

山西金池科技开发有限公司在发展壮大的10年里，始终为客户提供良好的产品和技术支持以及健全的售后服务。公司主要经营：冶金、化工、环保产品生产技术开发和设备研制；生态和环境治理的技术开发、技术咨询、技术服务；植物保湿剂的研发。

山西金池科技开发有限公司始终注重羰基冶金生产技术、成套设备及新产品研发。公司整合国内外羰基冶金行业内的权威研究机构、设计研究及设备制造企业资源，并与研发、设计和制造单位组成战略联盟，成立了山西金池科技开发有限公司羰基冶金研发部。羰基冶金研发部，具备雄厚的技术资源和高素质的人才团队，具有羰基冶金工艺流程及其设备、羰基金属新产品开发及其应用、羰基金属生产安全以及环保相关技术和设备等整体研发、设计、制造、安装的能力，具备完成羰基金属冶金项目交钥匙工程的能力。山西金池科技开发有限公司羰基冶金研发部为国内外羰基冶金企业提供专业、优质的技术服务。

山西金池科技开发有限公司有好的产品和专业的销售、技术团队。如果您对我公司的产品服务有兴趣，期待您来电咨询。